Le cerveau, la nature, l'esprit, l'univers : Faits intéressants et mystères non résolus de la science et du cosmos

Mise à jour pour 2024 avec les dernières découvertes scientifiques

Oliver Elliott

Table des matières

Introduction

C'est un livre que je rêvais d'écrire depuis longtemps, non seulement pour partager les extraordinaires merveilles de la nature et de la science, mais aussi parce que le processus me ramène à la joie de la découverte que j'ai ressentie pendant mes études supérieures, plongée dans le monde de la littérature scientifique. Nous sommes nés curieux de l'univers, et cette curiosité est l'un de nos plus grands dons. Pourtant, lorsque la vie nous entraîne dans la routine et la banalité, cette curiosité naturelle s'estompe souvent. Les merveilles de la nature et de la science ont le pouvoir de la raviver, de nous rappeler l'univers fascinant dans lequel nous vivons.

Le livre est divisé en huit chapitres. Les trois premiers chapitres présentent des animaux, des plantes et des phénomènes naturels aux qualités extraordinaires. Imaginez un oiseau qui plonge plus vite qu'un avion au décollage, une plante qui s'étend sur une surface plus grande que Washington, D.C., ou un volcan aussi massif que le Nouveau-Mexique - chacun d'entre eux témoigne de l'étonnante créativité de la nature.

Les chapitres 4 et 5 s'aventurent dans les mystères et les territoires inexplorés du monde naturel et du cosmos. Du triangle des Bermudes, où d'innombrables navires et avions ont disparu sans explication, aux trous noirs qui déforment l'espace et le temps jusqu'à leurs limites, ces chapitres nous rappellent à quel point nous savons peu de choses face à l'immensité de l'inconnu.

Le chapitre 6 plonge dans le mystère du cerveau humain. Cet organe extraordinaire n'est pas seulement le dispositif informatique le plus puissant que nous connaissions, capable d'effectuer un quintillion (10^18) de calculs par seconde, mais il présente également les symptômes les plus déroutants lorsque quelque chose ne va pas. Les sensations du membre fantôme, les patients aveugles qui peuvent inconsciemment "voir" et les lésions cérébrales qui convainquent les gens que leurs proches sont des imposteurs - tout cela révèle à quel point nous n'avons pas encore compris ce qu'est notre cerveau.

Le chapitre 7 pousse l'exploration du cerveau un peu plus loin, dans le domaine de l'esprit. Traditionnellement considéré comme secondaire par rapport au cerveau physique, la recherche récente met en évidence l'influence profonde de l'esprit. Qu'il s'agisse d'astuces psychologiques qui favorisent la perte de poids, renforcent la force, éliminent les verrues et inversent même le vieillissement, de pratiques de méditation qui réduisent le taux de criminalité ou d'études rigoureuses suggérant que l'intention humaine peut affecter la réalité physique, ces découvertes nous incitent à repenser le rôle de l'esprit dans le façonnement de notre monde.

Enfin, le dernier chapitre conclut le livre et réfléchit à mon parcours personnel et à la motivation qui m'a poussé à écrire ce livre.

Ce livre est un voyage dans les merveilles et les mystères de la nature, de la science et du cosmos. Avec un esprit humble et un cœur ouvert, je vous invite à me rejoindre dans cette aventure.

Chapter 1

Animaux records

1.1 Les créatures les plus rapides

Animaux terrestres les plus rapides

- Le guépard africain (*Acinonyx jubatus*) est l'animal terrestre le plus rapide, atteignant des vitesses allant jusqu'à 120 km/h. Il peut accélérer de 0 à 96 km/h en moins de trois secondes, mais ne peut maintenir cette vitesse que sur de courtes distances (environ 400 mètres) avant de devoir se reposer. Il peut accélérer de 0 à 60 mph (96 km/h) en moins de trois secondes, mais ne peut maintenir cette vitesse que sur de courtes distances (environ 0,25 miles, ou 400 mètres) avant de devoir se reposer.

- Le pronghorn (*Antilocapra americana*) est le deuxième animal terrestre le plus rapide, vivant en troupeaux dans les prairies et les déserts d'Amérique du Nord. Il peut atteindre une vitesse de 89 km/h et maintenir une vitesse de 64 km/h pendant au moins 11 km. Son système respiratoire et cardio-vasculaire est très développé par rapport à sa taille, ce qui lui permet de courir.

- Le springbok (*Antidorcas marsupialis*), troisième animal terrestre le plus rapide, est une antilope de taille petite à moyenne que l'on trouve dans les savanes sèches et les prairies d'Afrique australe. Il peut courir jusqu'à 88 km/h et est connu pour son comportement "pronking", qui consiste à sauter à plus de 3 mètres en l'air.

Les oiseaux les plus rapides (et de tous les animaux !)

- Le faucon pèlerin (*Falco peregrinus*) détient le record de l'animal le plus rapide au monde. Il peut voir ses proies à un kilomètre de distance et atteindre des vitesses allant jusqu'à 386 km/h (soit plus vite qu'un avion au décollage !) en plongeant pour frapper sa proie. Le faucon pèlerin vit et se reproduit sur tous les continents, à l'exception de l'Antarctique.

- L'aigle royal (*Aquila chrysaetos*) peut plonger à des vitesses allant jusqu'à 320 km/h pour chasser les petits mammifères, les poissons, les oiseaux et les reptiles. Pour atteindre cette vitesse, il rationalise son corps en repliant ses ailes et ses pattes. On trouve l'aigle royal dans les régions montagneuses, les campagnes ouvertes et les terrains accidentés d'Amérique du Nord, d'Europe, d'Asie et de certaines parties de l'Afrique du Nord.

- Le martinet à gorge blanche (*Hirundapus caudacutus*) est l'oiseau le plus rapide en vol battu, atteignant des vitesses allant jusqu'à 105 mph (170 km/h). Ces martinets attrapent les insectes volants en plein vol avec leur large bec et migrent de l'Asie centrale et du sud de la Sibérie vers des régions plus chaudes comme l'Inde, l'Asie du Sud-Est et l'Australie pendant l'hiver.

Animaux marins les plus rapides

- Le poisson-voile (*Istiophorus platypterus*) est l'animal marin le plus rapide et le poisson le plus rapide, nageant à des vitesses pouvant atteindre 68 mph (109 km/h). Son corps élancé et son bec allongé minimisent la résistance à l'eau, tandis que sa nageoire dorsale, qui ressemble à une voile, peut s'aplatir afin de rationaliser sa forme pour un déplacement rapide.

- L'espadon (*Xiphias gladius*) peut atteindre une vitesse de 97 km/h. Il utilise son bec en forme d'épée pour fendre les bancs de poissons et assommer ses proies. Il utilise son bec en forme d'épée pour trancher les bancs de poissons et assommer ses proies. Chasseur opportuniste, l'espadon compte sur sa vitesse pour attraper divers poissons et calmars. Contrairement à la croyance populaire, l'espadon adulte ne perd pas ses écailles ; celles-ci sont profondément enfoncées dans la peau, ce qui lui donne un aspect lisse et sans écailles.

- Le makaire bleu (*Makaira nigricans*) est le troisième poisson le plus rapide, atteignant une vitesse de 53 mph (85 km/h). Son corps puissant et musclé lui permet de surpasser facilement ses proies, telles que les petits poissons et les calmars. Le marlin bleu n'est pas seulement rapide, il est aussi grand : il peut atteindre 3,6 mètres de long et peser jusqu'à 907 kg. Les femelles marlins peuvent vivre jusqu'à 27 ans.

L'insecte le plus rapide

- Les taons sont les insectes qui volent le plus vite. Un mâle *Hybomitra hinei wrighti*, une espèce de taon de la famille des Tabanidae, a été enregistré comme atteignant une vitesse de 145 km/h alors qu'il poursuivait une femelle.

Humains contre animaux

- Usain Bolt a établi le record du monde du 100 m en 9,58 secondes en 2009, atteignant une vitesse de pointe de 44,72 km/h (27,8 mph). Cependant, même cette vitesse record ne place l'homme que parmi les 30 mammifères terrestres les plus rapides. Néanmoins, l'homme excelle dans la course d'endurance par rapport aux autres animaux, grâce à ses longs membres, à sa posture droite et à sa capacité à transpirer.

1.2 Une vision incroyable

- La meilleure vision des mammifères : Les humains ont une vision exceptionnelle parmi les mammifères, avec la capacité de voir clairement les objets à distance. Les yeux humains ont une forte perception de la profondeur et peuvent distinguer jusqu'à un million de couleurs (étonnant, non ?). Selon la théorie de la détection des serpents, notre vision avancée a évolué en partie en raison de la nécessité de repérer les serpents venimeux.

- Meilleure vision nocturne : Les hiboux ont une vision nocturne remarquable grâce à la forte densité de cellules à bâtonnets dans leur rétine (près d'un million par millimètre carré), soit cinq fois plus que les humains. Leurs yeux sont particulièrement grands par rapport à la taille de leur corps, ce qui renforce leur capacité à voir dans des conditions de faible luminosité et fait d'eux les meilleurs chasseurs nocturnes.

- Meilleure vision sous-marine : Les requins ont une excellente vision sous-marine et peuvent voir jusqu'à 10 fois mieux que les humains sous l'eau. Ils possèdent une concentration dense de bâtonnets rétiniens et une couche réfléchissante appelée tapetum lucidum (en latin, "couche brillante") dans leurs yeux, qui amplifie la lumière dans les eaux sombres et troubles.

- Le champ de vision le plus large : Les caméléons peuvent faire pivoter leurs yeux indépendamment pour avoir un champ de vision de près de 360° - 90° à la verticale et 180° à l'horizontale. Cela leur permet d'observer largement leur environnement sans bouger la tête, ce qui est crucial pour chasser des proies sans se faire repérer.

- Meilleure vision des couleurs : Les papillons à gorge bleue possèdent au moins 15 types de photorécepteurs, contre trois chez l'homme, ce qui fait d'eux les animaux ayant la meilleure vision des couleurs. Leurs photorécepteurs peuvent détecter un spectre de lumière ultraviolette, violette, bleue, bleu-vert, verte et rouge. Cela leur permet de détecter des couleurs spécifiques dans des environnements complexes, comme des objets cachés dans la végétation.

- La vision la plus complexe : La crevette-mante possède le système de vision le plus complexe du règne animal. Avec 12 à 16 photorécepteurs dans ses yeux composés, elle peut voir les ultraviolets et la lumière polarisée et peut ajuster sa sensibilité à différentes longueurs d'onde. Cela suggère que leurs yeux traitent les informations visuelles avant qu'elles n'atteignent le cerveau.

- La meilleure vision du règne animal : Les aigles ont une acuité visuelle de 20/5, soit quatre fois plus que les humains. Ils ont une vision quasi panoramique et peuvent repérer des proies jusqu'à 3 miles de distance. Ils ont une meilleure perception des couleurs et peuvent également voir la lumière UV. Ce sont les champions incontestés de la vue dans le règne animal !

1.3 Un sens de l'odorat très développé

- On considère généralement que les ours ont le meilleur odorat de tous les animaux, certains estimant qu'il est 2 100 fois supérieur à celui de l'homme. Leur odorat est si développé qu'il est difficile à mesurer, et les estimations de leur rayon d'action varient considérablement. Par exemple, certains affirment qu'un ours noir peut sentir de la nourriture à plus d'un kilomètre, tandis que d'autres prétendent qu'il peut sentir de la nourriture à plus de trois kilomètres. On estime que l'odorat de l'ours polaire est encore plus performant, puisqu'il peut se situer à 40 miles .[1]

- Les éléphants d'Afrique ont probablement l'odorat le plus puissant en termes de nombre de récepteurs olfactifs. Une étude a montré qu'ils possèdent environ 2 000 types de récepteurs olfactifs, ce qui leur permet de détecter une vaste gamme d'odeurs avec une précision incroyable[2] . Ils peuvent détecter des sources d'eau jusqu'à 20 km de distance et utilisent l'odeur d'autres éléphants pour maintenir des liens sociaux.

- Les limiers sont connus pour leur odorat exceptionnel, que l'on estime au moins

1 000 fois plus puissant que celui de l'homme. Il possède environ 230 millions de cellules olfactives dans ses membranes olfactives larges et sensibles, ce qui lui permet de détecter des odeurs que l'homme ne peut pas percevoir. Les limiers peuvent suivre une piste odorante sur plus de 130 miles ou une piste datant de plus de 12 jours. L'odorat des limiers est utilisé par les forces de l'ordre depuis près de 200 ans pour retrouver des personnes disparues et des criminels. Leurs résultats peuvent même être utilisés devant les tribunaux.

1.4 Meilleure audition

- Les pigeons ont une capacité extraordinaire à entendre les infrasons, c'est-à-dire les sons de très basse fréquence. Alors que la gamme d'audition humaine commence à environ 20 Hz, les pigeons peuvent détecter des sons aussi bas que 0,05 Hz. Cette capacité remarquable leur permet de percevoir les infrasons émis par les tempêtes lointaines, les tremblements de terre et les volcans. Les pigeons peuvent utiliser ces sons de basse fréquence comme des "cartes sonores" pour se diriger lors de vols de longue durée. Leurs compétences exceptionnelles en matière de navigation ont été très appréciées en temps de guerre, et ils ont reçu 32 des 53 médailles Dickin de la PDSA pendant la Seconde Guerre mondiale pour leur bravoure et leur dévouement .[3]

- La grande fausse teigne possède l'ouïe la plus sensible du monde des insectes, malgré la simplicité de la structure de son oreille. Avec seulement une paire de tympans et quatre cellules réceptrices chacun, elle peut détecter des fréquences allant jusqu'à 300 000 Hz[4] (contre 20 000 Hz pour l'homme), ce qui en fait l'animal ayant la meilleure ouïe connue de la science. Cette audition exceptionnelle permet au papillon de nuit de détecter et d'éviter efficacement les prédateurs tels que les chauves-souris.

- Les loups possèdent des capacités auditives remarquables, capables de détecter des sons à de grandes distances - jusqu'à 9,7 kilomètres dans les forêts et 16,1 kilomètres dans les zones ouvertes. Cette ouïe exceptionnelle est vitale pour leur chasse et leur survie dans la nature.

1.5 Sens aigu du toucher

- La taupe à nez étoilé (*Condylura cristata*) est réputée pour son extraordinaire sens du toucher. Ces taupes possèdent 22 appendices nasaux mobiles, semblables à des doigts, recouverts de plus de 25 000 récepteurs sensoriels, ce qui leur confère un sens du toucher six fois plus sensible que celui d'une main humaine. Elles peuvent même détecter des odeurs sous l'eau en expirant de petites bulles d'air sur des objets ou des pistes olfactives, puis en inspirant les bulles pour ramener l'odeur par le nez.

- Les tarentules sont de grandes araignées poilues dotées d'un sens du toucher exceptionnel. Des poils spécialisés, appelés trichobothries, recouvrent leurs pattes et leurs pédipalpes, ce qui leur permet de détecter de faibles mouvements d'air. Ces poils fins peuvent détecter des mouvements d'air aussi subtils que 10 millionièmes de millimètre, soit environ la taille de deux atomes d'hydrogène, ce qui leur permet de déterminer avec précision l'emplacement des créatures à proximité et de savoir s'il s'agit de proies ou de partenaires potentiels.

1.6 Meilleur goût

- Le poisson-chat possède un sens du goût extraordinaire. Alors qu'une personne moyenne possède environ 10 000 papilles gustatives, le poisson-chat en a plus de 100 000 (certains gros poissons-chats en ont jusqu'à 175 000), couvrant tout leur corps, y compris leurs moustaches, leurs nageoires et leur peau. Ces papilles gustatives sont extrêmement sensibles et permettent au poisson-chat de détecter de la nourriture à des kilomètres de distance, même en eau trouble. Le poisson-chat utilise ses récepteurs gustatifs pour localiser ses proies et peut même déterminer la direction d'où provient un goût. Ce sens exceptionnel du goût est crucial pour le poisson-chat, qui en dépend fortement pour chasser et se nourrir. En revanche, les poulets ont le moins de papilles gustatives de tous les animaux, avec seulement 24.

1.7 Les plus longues durées de vie

L'oiseau qui vit le plus longtemps

- Le plus vieil oiseau confirmé en captivité est un cacatoès rose nommé Cookie, qui a vécu jusqu'à 83 ans au Brookfield Zoo de Chicago. Bien que certains prétendent que des oiseaux ont vécu plus de 100 ans, ces affirmations ne peuvent être vérifiées en raison du manque de données précises sur les éclosions, en particulier pour les oiseaux sauvages. En outre, les amateurs d'oiseaux exagèrent parfois l'âge de leurs oiseaux. Cookie détient le record mondial Guinness du plus vieil oiseau confirmé.

Animal terrestre ayant vécu le plus longtemps

- Jonathan, une tortue géante des Seychelles âgée de 191 ans (en août 2024), détient le record du monde Guinness du plus vieil animal terrestre vivant. Né vers 1832, Jonathan a vécu les mandats de 40 présidents américains et de 31 gouverneurs de Sainte-Hélène, son île natale. Malgré son âge avancé et la perte de la vue due à la cataracte, Jonathan reste actif et est nourri à la main chaque semaine pour s'assurer qu'il reçoit les nutriments essentiels. Son espérance de vie remarquable dépasse de loin la moyenne de 150 ans pour son espèce.

- Adwaita, qui signifie "seule et unique" en sanskrit, était une tortue géante d'Aldabra mâle résidant dans les jardins zoologiques d'Alipore à Kolkata, en Inde. Pesant 250 kg, Adwaita se nourrissait de son de blé, de carottes, de laitue, de pois chiches trempés et de pain. Fin 2005, une fissure dans sa carapace a provoqué une infection fatale, entraînant une insuffisance hépatique et sa mort le 22 mars 2006. Au moment de son décès, on estime qu'Adwaita avait au moins 255 ans. Si cette estimation est exacte, Adwaita détiendrait le titre d'animal terrestre vivant le plus longtemps jamais enregistré.

L'espérance de vie la plus longue chez les mammifères

- La baleine boréale (*Balaena mysticetus*) est considérée comme le mammifère le plus long à vivre, avec une espérance de vie de plus de 200 ans. Ces baleines vivent dans les océans arctiques et subarctiques et n'atteignent leur maturité sexuelle qu'à l'âge de 25 ans environ. Les pointes de harpon en pierre trouvées sur certaines baleines capturées indiquent qu'elles peuvent vivre bien plus de 100 ans, et certains scientifiques pensent qu'elles peuvent vivre encore plus longtemps.

La plus longue durée de vie chez les vertébrés

- Les requins du Groenland sont les vertébrés qui vivent le plus longtemps sur Terre. Grâce à la datation au carbone 14, les scientifiques ont estimé la durée de vie de ces requins à environ 400 ans, les femelles atteignant la maturité sexuelle vers l'âge de 156 ans[5] . Leur longévité exceptionnelle est probablement due aux eaux froides des océans Atlantique Nord et Arctique, qui ralentissent leurs processus métaboliques et biochimiques.

Les animaux qui vivent le plus longtemps

- Les éponges de verre sont considérées comme l'une des créatures vivant le plus longtemps sur Terre, certains individus ayant vécu entre 10 000 et 15 000 ans. Une éponge de verre de la mer de Ross serait le plus vieil animal vivant, tandis qu'une autre de la mer de Chine orientale vivrait depuis 11 000 ans. Ces éponges pourraient avoir vécu pendant la dernière période glaciaire. Ce sont des animaux, et non des plantes ou des roches, et leur squelette est complexe et ressemble à du verre. Elles vivent attachées à des surfaces dures, filtrant l'eau pour se nourrir de bactéries et de plancton.

- Méduse immortelle. Les scientifiques ont découvert la *Turritopsis dohrnii*, connue sous le nom de "méduse immortelle", dans la mer Méditerranée dans les années 1880. Elle a la capacité unique de réinitialiser son cycle de vie, en revenant à un stade de développement antérieur lorsqu'elle est confrontée à des dommages physiques ou à des menaces. Bien que minuscule (4,5 mm de diamètre), la méduse immortelle est également une espèce résistante et de plus en plus agressive, qui se propage dans le monde entier en s'accrochant aux ballasts des navires.

Les humains qui vivent le plus longtemps

- Bien que la durée de vie de l'homme ne soit pas impressionnante par rapport à celle de certains animaux, elle est tout de même décente parmi les mammifères. En août 2024, la plus longue durée de vie humaine vérifiée est de 122 ans et 164 jours, détenue par la Française Jeanne Calment (1875-1997). La plus longue durée de vie vérifiée pour un homme est de 116 ans et 54 jours, détenue par le Japonais Jiroemon Kimura (1897-2013).

- Le Japon possède la plus grande population de centenaires au monde, avec environ 146 000 personnes âgées de 100 ans et plus. La population centenaire japonaise a augmenté régulièrement au cours des deux dernières décennies, avec un ratio de 7 femmes centenaires pour chaque homme centenaire.

1.8 Géants et figurines

Le plus grand mammifère

- La baleine bleue (*Balaenoptera musculus ssp. intermedia*) est le plus grand mammifère du monde et le plus grand animal et vertébré ayant jamais vécu. Les baleines bleues de l'Antarctique peuvent mesurer jusqu'à 30 mètres de long et peser jusqu'à 200 tonnes. Elles ont un cœur de la taille d'une petite voiture, une langue de la taille d'un éléphant et des artères si larges qu'un être humain pourrait les traverser à la nage. Les baleines bleues sont également les animaux les plus bruyants de la planète, leurs cris pouvant atteindre 188 décibels. En période d'alimentation, elles peuvent consommer jusqu'à 3,6 tonnes de krill par jour.

- L'éléphant de brousse d'Afrique (*Loxodonta africana*) est considéré comme le plus grand mammifère terrestre du monde. Les éléphants d'Afrique mâles peuvent peser jusqu'à 6 tonnes et mesurer jusqu'à 4 mètres, tandis que les femelles peuvent peser environ 5,4 tonnes et mesurer 4,5 mètres. Le plus grand éléphant jamais enregistré a été abattu en Angola en 1974 et mesurait 10,7 mètres de la trompe à la queue. Les éléphants d'Afrique sont originaires de l'Afrique subsaharienne et vivent en troupeaux dans les savanes et les forêts. Ils sont connus pour leur longue trompe et leurs défenses, qui peuvent atteindre 2,4 mètres de long et servent à la recherche de nourriture.

Le plus petit mammifère

- La musaraigne étrusque est le plus petit mammifère vivant en termes de poids. Elle ne pèse que 1,5 gramme et peut atteindre une longueur de 36 à 52 millimètres. On le trouve en Asie et dans le bassin méditerranéen. Son cœur bat jusqu'à 25 fois par seconde, contre 1,2 fois par seconde chez l'homme.

- Le plus petit mammifère par la longueur de son corps est la chauve-souris de Kitti, également connue sous le nom de chauve-souris bourdon. Elle mesure entre 29 et 33 millimètres de long et possède le plus petit crâne de tous les mammifères. Elle pèse entre 1,7 et 2 grammes, soit environ le poids de deux bonbons Skittles. Elle vit dans les grottes de l'ouest de la Thaïlande et du Myanmar, en colonies de moins de 100 chauves-souris.

L'animal le plus grand

- La girafe (Giraffa camelopardalis) est l'animal terrestre le plus grand du monde, mesurant jusqu'à 5,5 mètres. Son long cou, qui peut s'étendre jusqu'à 2,5 mètres, représente près de la moitié de sa taille. Leurs jambes sont également plus grandes que celles de la plupart des humains adultes. Les girafes sont originaires d'Afrique et vivent principalement dans les savanes, où les prairies et les arbres fournissent le couvert et la nourriture nécessaires.

Le plus grand oiseau

- L'autruche commune (*Struthio camelus*) est le plus grand oiseau vivant au monde, atteignant jusqu'à 2,8 mètres de haut et pesant plus de 156,8 kilogrammes. Originaire d'Afrique, l'autruche vit dans les prairies, les savanes et les zones arbustives. Bien qu'incapables de voler, elles utilisent leurs larges ailes (d'une envergure pouvant atteindre 2 mètres) comme des voiles pour se stabiliser lorsqu'elles courent. Leurs œufs sont les plus gros de toutes les espèces d'oiseaux, pesant en moyenne 1,4 kg chacun et équivalant à peu près à 24 œufs de poule.

Le plus petit oiseau

- Le colibri (Mellisuga helenae) est le plus petit oiseau du monde, mesurant 2,25 pouces (57 millimètres) de long et pesant moins de 2 grammes (0,07 onces). Il est originaire de Cuba et est souvent confondu avec une abeille. La femelle construit des nids en forme de coupe avec des toiles d'araignée et de la mousse, et ses œufs sont de la taille d'un grain de café. Les ailes du colibri battent 80 fois par seconde pendant le vol et jusqu'à 200 fois par seconde pendant la parade nuptiale.

Le plus grand poisson

- Le requin-baleine (*Rhincodon typus*) est le plus grand poisson du monde. Il peut atteindre 12 mètres de long et peser jusqu'à 40 tonnes. Malgré sa grande taille et son apparence intimidante, il est connu pour être docile et facile à approcher.

Le plus petit poisson

- Le vairon nain vit dans les forêts marécageuses d'Asie du Sud-Est et est considéré comme le plus petit poisson du monde. Les femelles matures mesurent de 7,9 à 10,3 millimètres de long.

1.9 Des adaptations étonnantes

Imiter les experts

- La pieuvre imitatrice, découverte en 1998 au large des côtes de Sulawesi, en Indonésie, est la championne de l'imitation du règne animal. Contrairement aux autres imitateurs qui ne ressemblent généralement qu'à une seule espèce, cette pieuvre remarquable peut prendre l'apparence et le comportement de diverses créatures, notamment des méduses, des crabes, des serpents de mer, des crevettes et des rascasses. La pieuvre imite les rascasses et les serpents de mer venimeux pour échapper aux prédateurs.

- La grive brune est probablement le meilleur imitateur d'Amérique du Nord en termes de sons, car elle peut chanter jusqu'à 2 000 chansons différentes. Il appartient à la famille des Mimidae et peut imiter sans effort les chants d'autres oiseaux, tels que la veuve de Chuck-will, la grive des bois et le pinson du Nord.

- Comme les grives, les moqueurs du Nord appartiennent à la famille des Mimidae et sont des chanteurs polyvalents. Ils peuvent produire une gamme variée de sons, allant des chuchotements et des gazouillis aux bourdonnements et à une note "chewp" distinctive. Ils peuvent apprendre et imiter jusqu'à 200 sons différents, y compris les cris d'autres oiseaux comme le phoebe de l'Est et les mouettes, et même imiter des bruits d'origine humaine comme les alarmes de voiture et les grincements de portes.

- L'étourneau sansonnet est également un imitateur doué, qui peut imiter jusqu'à 20 espèces d'oiseaux différentes, telles que la caille et le kildir. Ils peuvent également imiter les sons émis par les motos, les bouilloires, les alarmes de voiture et les téléphones, et même la parole humaine. Ces oiseaux sont surtout présents en Europe et sont connus pour leur capacité d'adaptation et leur comportement parfois agressif. Tous les étourneaux d'Amérique du Nord descendent d'une centaine d'oiseaux relâchés dans le Central Park de New York au début des années 1890.

Survivants extrêmes

- Bien que de nombreux animaux se soient adaptés à leur environnement et aient développé d'excellentes capacités de survie dans des conditions extrêmes, aucun n'est comparable aux tardigrades. Les tardigrades, également connus sous le nom d'oursons d'eau, sont de minuscules créatures (0,1 à 1,2 mm de long) qui vivent dans divers environnements humides, tels que la mousse, le sol et l'eau. Ils peuvent entrer dans un état d'animation suspendue appelé cryptobiose, dans lequel ils se déshydratent à seulement 3 % de leur teneur normale en eau et réduisent leur métabolisme à 0,01 % du niveau normal. Dans cet état, connu sous le nom d'"état tun", ils peuvent résister à des conditions extrêmes, notamment à des radiations 1 000 fois plus puissantes que celles que l'homme peut supporter, à des températures allant de près du zéro absolu (-459,67°F ou -273,15°C) à 300°F (149°C), au vide spatial et à des pressions six fois supérieures à celles que l'on trouve dans les fosses océaniques les plus profondes (15 750 livres par pouce carré, soit 1 071 fois la pression atmosphérique au niveau de la mer). Ce sont les survivants indestructibles du règne animal.

- En comparaison, si les humains ne peuvent pas survivre dans des conditions aussi extrêmes, ils peuvent néanmoins faire preuve d'une endurance remarquable. Wim Hof, surnommé "l'homme de glace", est un athlète d'endurance néerlandais célèbre pour son extraordinaire capacité à résister au froid extrême. Il a établi plus de 20 records du monde, notamment en courant un marathon de 26 miles à -20°C (-4°F) pieds nus et en short, et en établissant un record du monde Guinness en restant immergé dans la glace pendant 1 heure, 52 minutes et 42 secondes. En outre, il a escaladé le mont Kilimandjaro en 48 heures, en short et en chaussures, et a nagé 57,5 mètres sous un lac gelé. Les exploits de Hof ne se limitent pas à la résistance au froid : il a terminé un semi-marathon dans le désert de Namibie sans boire d'eau. Son secret réside dans la méthode Wim Hof, qui fait appel à des exercices de respiration contrôlée, à la méditation et à la concentration mentale pour activer la réponse du corps au stress. Ce processus libère des analgésiques naturels tels que les opioïdes et les cannabinoïdes, induisant un état euphorique qui réduit la douleur et les sensations de froid. Des études IRM confirment que son cerveau "pirate" efficacement les systèmes physiologiques pour supprimer l'inconfort et améliorer l'endurance .[6]

Les Power Biters

- Les crocodiles d'eau salée sont les plus grands reptiles vivants, atteignant près de 20 pieds de long et vivant entre 60 et 75 ans. Ils possèdent la force de morsure la plus forte jamais enregistrée chez un animal vivant, soit 3 689 livres par pouce carré (psi), ou 16 414 newtons[7] . Cela équivaut au poids d'une petite voiture. Ils peuvent nager jusqu'à 18 miles par heure, soit trois fois plus vite que le nageur humain le plus rapide.

- L'alligator américain (*Alligator mississippiensis*) est originaire du sud-est des États-Unis et peut exercer une force de morsure puissante de 2 961 livres, soit 13 172 newtons[8] . Il détient le record de la force de morsure la plus puissante depuis 2006 jusqu'à ce qu'il soit surpassé par le crocodile d'eau salée en 2012. Malgré cela, les muscles de sa mâchoire sont relativement faibles et un humain pourrait maintenir sa mâchoire fermée avec une main ou un élastique solide.

- Le requin-taupe bleu (*Isurus oxyrinchus*) possède la morsure de requin la plus puissante jamais enregistrée, mesurée à 3 000 livres de force, soit 13 000 newtons. Cette mesure a été prise par un requin-taupe bleu près de la Nouvelle-Zélande en 2020. Bien que certaines études suggèrent que le grand requin blanc et son parent préhistorique disparu, le mégalodon, ont une morsure encore plus puissante, ces affirmations ne sont pas vérifiées par des enregistrements vivants. Le requin-taupe bleu peut atteindre 12 pieds de long et peser plus de 1 200 livres. C'est également l'un des requins les plus rapides et il peut atteindre une vitesse de 45 miles par heure.

- L'hippopotame (*Hippopotamus amphibious*) a une force de morsure d'environ 1 800 livres (8 100 newtons), plus forte que celle de tout autre animal terrestre. C'est beaucoup plus fort que la force de morsure d'un lion (4 450 newtons), d'un ours polaire (5 000 newtons) et d'un jaguar (6 500 newtons). Les hippopotames peuvent ouvrir la bouche à 150° et ont des canines inférieures triangulaires acérées qui peuvent mesurer de 30 à 50 cm de long. Les hippopotames sont des herbivores, mais ils peuvent être dangereux pour l'homme s'ils sont dérangés.

Les couches de la nature

- Dans la nature, les grandes chauves-souris brunes (*Eptesicus fuscus*) hibernent pendant 64 à 66 jours, mais un individu en captivité a hiberné pendant 344 jours. Pendant l'hibernation, leur rythme cardiaque passe de 1 000 à 4-62 battements par minute et elles peuvent ne respirer qu'une fois toutes les deux heures. Leur température corporelle peut baisser jusqu'à environ 5°C, et leur métabolisme et leur consommation d'oxygène sont fortement réduits. Cependant, au sortir de l'hibernation, leur rythme cardiaque peut augmenter de 12 à 800 battements par minute en peu de temps.

- Les écureuils terrestres de l'Arctique passent sept à huit mois en hibernation. Ils peuvent entrer dans un état de torpeur et abaisser leur température corporelle d'environ 37°C (99°F) à -3°C (27°F), c'est-à-dire en dessous du point de congélation. C'est la température corporelle la plus basse jamais enregistrée pour un mammifère hibernant. Une température aussi basse permet à leurs cellules de survivre en cas de pénurie de sang et d'oxygène.

Toujours en éveil

- Les papillons ne dorment pas comme les humains, mais ils se reposent en adoptant un comportement appelé "perchoir". Les papillons peuvent se percher pour une seule nuit ou pour toute la saison hivernale. Le fait de se percher en groupe aide les papillons à conserver leur énergie et les protège des prédateurs. Les papillons se reposent par temps frais ou nuageux, ou la nuit. Comme les papillons n'ont pas de paupières, ils se reposent les yeux ouverts, généralement cachés dans des feuilles, des buissons ou des écorces. Ils peuvent se suspendre à des feuilles ou à des brindilles à l'aide de leurs tarses (pieds). Leur système métabolique ralentit considérablement lorsqu'ils se reposent.

- Le sommeil des dauphins diffère de celui des humains et des autres mammifères terrestres. Ils ont un sommeil lent unihémisphérique (USWS), dans lequel la moitié de leur cerveau reste éveillée. L'hémisphère actif surveille la respiration, l'environnement et signale quand remonter à la surface pour respirer, en gardant un œil ouvert pendant le sommeil. Les dauphins changent d'hémisphère actif toutes les deux heures, ce qui permet à chaque hémisphère de dormir environ quatre heures par période de 24 heures. Pour se protéger des prédateurs, les dauphins dorment souvent en groupe ou avec des compagnons, chacun dormant ou se reposant à tour de rôle près de l'autre.

- Les martinets communs détiennent le record mondial de vol continu, restant en l'air jusqu'à 10 mois par an, tandis que les martinets alpins parviennent à voler jusqu'à six mois sans interruption. Les martinets dorment même sur l'aile en alternant de brèves périodes de repos pendant le vol. La nuit, ils s'élèvent jusqu'à 2 000 mètres d'altitude pour éviter les prédateurs et les obstacles, en planant à une vitesse de 12,4 miles par heure (20 km/h). Leur battement d'ailes intermittent unique - quatre secondes d'activité suivies de trois secondes de repos - leur permet d'économiser de l'énergie et de naviguer en toute sécurité sans atterrir.

- Contrairement aux animaux, les êtres humains ont généralement besoin d'au moins sept heures de sommeil pour rester alertes et bien fonctionner pendant la journée. Il existe cependant des exceptions. Daisuke Hori, un homme de 40 ans originaire de Tokyo, affirme n'avoir dormi que 30 minutes par jour au cours des 15 dernières années. Cette routine de sommeil minimale lui permet de maintenir un mode de vie très actif, notamment en travaillant plus de 10 heures par jour, en faisant de l'exercice et en s'adonnant à de nombreux passe-temps. Il attribue sa capacité à fonctionner avec si peu de sommeil à des années d'auto-entraînement et pense que cela lui a apporté un bonheur et une productivité exceptionnels. Malgré ses affirmations, les experts mettent en garde contre une privation de sommeil aussi extrême, car la plupart des gens ont besoin de 7 à 9 heures de sommeil pour rester en bonne santé et se sentir bien.

- Un autre cas frappant est celui de Paul Kern, un Hongrois blessé pendant la

Première Guerre mondiale en 1915. Une balle l'a frappé à la tête et s'est logée dans son lobe frontal. Après avoir été opéré, il s'est rendu compte à son réveil qu'il ne pouvait plus dormir. Cet état a duré 40 ans, jusqu'à sa mort en 1955. Bien qu'il ait vécu sans dormir, il n'a présenté aucun problème cognitif majeur, un phénomène qui a déconcerté les scientifiques. Des théories suggèrent que la balle a pu endommager la région du cerveau qui régule le sommeil, ou qu'il a pu faire de brèves siestes, passées inaperçues.

Légendes venimeuses

- Le serpent taïpan intérieur est connu pour avoir le venin le plus toxique de tous les serpents, et peut-être de tous les animaux, au monde. Le venin du taïpan intérieur est une combinaison d'enzymes et d'autres facteurs qui peuvent paralyser les terminaisons nerveuses, détruire les tissus musculaires et provoquer de graves hémorragies. La DL50 du taïpan intérieur est de 0,025 mg/kg, ce qui signifie qu'une seule morsure pourrait tuer près de 250 000 souris ou plus de 100 humains adultes. Les serpents taïpan de l'intérieur se trouvent dans les régions reculées du sud-ouest du Queensland et du nord-ouest de l'Australie-Méridionale.

- La méduse-boîte australienne (*Chironex fleckeri*) est considérée comme l'animal marin le plus venimeux au monde, et sa piqûre peut être mortelle. Chaque méduse possède environ 60 tentacules pouvant atteindre 3 mètres de long, et chaque tentacule contient des millions de crochets microscopiques remplis de venin. Une seule méduse-boîte contient suffisamment de venin pour tuer plus de 60 personnes et peut entraîner la mort en quelques minutes. Son venin contient des protéines bioactives qui peuvent provoquer divers effets, notamment une douleur extrême, la destruction des tissus, la paralysie, l'arrêt cardiaque et la mort.

La tempête chasse les oiseaux

- Le pétrel du désert, un petit oiseau de mer de l'Atlantique Nord, chasse les cyclones. Dans une étude réalisée en 2024, des scientifiques ont utilisé un GPS pour suivre 33 pétrels et ont constaté que près d'un tiers d'entre eux volaient activement vers les cyclones alors qu'ils se trouvaient à environ 900 kilomètres de l'œil de la tempête. Certains oiseaux ont suivi le sillage du cyclone pendant des jours, parcourant des milliers de kilomètres[9] . Les scientifiques pensent que les oiseaux peuvent utiliser les infrasons de basse fréquence produits par le vent et les vagues pour détecter les cyclones de loin. La raison ? Une récompense alimentaire potentielle importante. Les chercheurs ont découvert que les cyclones rafraîchissent les eaux, ce qui entraîne une augmentation du phytoplancton (algues microscopiques flottant librement). Le phytoplancton attire ensuite les poissons et les céphalopodes, qui sont les proies des pétrels. L'étude suggère que les pétrels exploitent l'environnement riche en nourriture créé par les cyclones pour se nourrir.

- Les puffins cendrés, oiseaux de mer qui nichent sur des îles au large du Japon, ont un comportement surprenant et unique : ils volent dans l'œil d'un typhon pour survivre. Des chercheurs qui ont suivi ces oiseaux à l'aide d'un GPS pendant 11 ans ont découvert qu'au lieu d'éviter les tempêtes comme les autres oiseaux de mer, certains puffins cendrés se dirigent vers le centre du cyclone et volent près de l'œil pendant des heures. L'étude a révélé que 13 des 75 puffins suivis ont volé à moins de 60 kilomètres de l'œil[10] . C'est dans cette zone, également appelée "orbite", que les vents sont les plus forts, atteignant parfois 75 kilomètres à l'heure. Ces oiseaux sont restés dans cette zone jusqu'à huit heures, suivant le mouvement de la tempête. Ce comportement inédit chez une espèce d'oiseau permet aux puffins d'éviter d'être emportés vers l'intérieur des terres, où ils risquent de s'écraser ou d'être frappés par des débris. Les oiseaux étaient plus enclins à suivre cette stratégie lors des tempêtes les plus fortes, afin d'éviter d'être poussés vers des masses continentales dangereuses. Les scientifiques pensent que de telles tactiques de vol pourraient être plus courantes chez les oiseaux qu'on ne le pensait auparavant.

Notes

1. *Bear Series, Part One : A Bear's Sense of Smell - Yosemite National Park (U.S. National Park Service).* (n.d.). https://www.nps.gov/yose/blogs/bear-series-part-one-a-bears-sense-of-smell.htm

2. Niimura, Y., Matsui, A. et Touhara, K. (2014). Extreme expansion of the olfactory receptor gene repertoire in African elephants and evolutionary dynamics of orthologous gene groups in 13 placental mammals. *Genome Research*, *24*(9), 1485-1496. https://doi.org/10.1101/gr.169532.113

3. Chrisler, T. S. et Quine, D. B. (1980). *Can pigeons "Hear" their way home ?* https://watchbird-ojs-tamu.tdl.org/watchbird/index.php/watchbird/article/view/1938

4. Fields, H. (2013). ScienceShot : La phalène a les oreilles les plus sensibles du monde des insectes. *Science.* https://doi.org/10.1126/article.26109

5. Nielsen, J., Hedeholm, R. B., Heinemeier, J., Bushnell, P. G., Christiansen, J. S., Olsen, J., Ramsey, C. B., Brill, R. W., Simon, M., Steffensen, K. F., & Steffensen, J. F. (2016). Le radiocarbone du cristallin révèle des siècles de longévité chez le requin du Groenland (Somniosus microcephalus). *Science*, *353*(6300), 702-704. https://doi.org/10.1126/sciënce.aaf1703

6. Learn, J. R. (2018, 21 mai). La science explique comment l'homme des glaces résiste au froid extrême. *Smithsonian Magazine.* https://www.smithsonianmag.com/science-nature/science-explains-how-iceman-resists-extreme-cold-180969134/

7. Erickson, G. M., Gignac, P. M., Steppan, S. J., Lappin, A. K., Vliet, K. A., Brueggen, J. D., Inouye, B. D., Kledzik, D., & Webb, G. J. W. (2012). Insights into the Ecology and Evolutionary Success of Crocodilians Revealed through Bite-Force and Tooth-Pressure Experimentation (Aperçu de l'écologie et du succès évolutif des crocodiliens révélé par l'expérimentation de la force de morsure et de la pression des dents). *PLoS ONE*, *7*(3), e31781. https://doi.org/10.1371/journal.pone.0031781

8. Erickson, G. M., Lappin, A. K., Parker, T. et Vliet, K. A. (2003). Comparison of bite-force performance between long-term captive and wild American alligators (*Alligator mississippiensis*). *Journal of Zoology*, *262*(1), 21-28. https://doi.org/10.1017/s0952836903004400

9. Polidoro, J. (2024, 6 août). Pourquoi un petit oiseau de mer ose voler vers les cyclones. *Science News.* https://www.sciencenews.org/article/seabird-fly-toward-cyclones-prey

10. Kreier, F. (2022, 17 octobre). Certains oiseaux de mer survivent aux typhons en volant vers eux. *Science News.* https://www.sciencenews.org/article/seabirds-typhoons-shearwaters-survival

Chapter 2

Plantes extraordinaires

2.1 Les plus grandes usines

- En 2022, des scientifiques ont découvert la plus grande plante du monde, un herbier marin appelé *Posidonia australis*, dans la baie de Shark, en Australie[1] . La plante s'étend sur plus de 180 kilomètres, soit une superficie supérieure à celle de Washington, et on estime qu'elle est âgée d'au moins 4 500 ans. La taille de la plante est due à sa capacité à se cloner, créant ainsi des rejetons génétiquement identiques. Ce processus, appelé clonalité polyploïde, permet aux organismes de surpasser leurs prédécesseurs et d'occuper de nouveaux environnements.

- Pando (*Populus tremuloides*), une colonie clonale de trembles dans la forêt nationale de Fishlake en Utah, est considéré comme le plus grand organisme vivant en termes de masse. Son poids est estimé à 13,2 millions de livres (environ 6 000 tonnes) et il comprend 47 000 tiges génétiquement identiques s'étendant sur 106 acres (environ 80 terrains de football américain). Pando est trois à cinq fois plus lourd que les plus grands séquoias connus et à peu près aussi lourd que 35 baleines bleues ou 1 000 éléphants. Toutes les tiges partagent un système racinaire vieux de 80 000 ans. Pando se reproduit de manière asexuée par autoreproduction.

- L'arbre General Sherman (*Sequoiadendron giganteum*) dans la forêt géante du parc national de Sequoia est le plus grand arbre du monde en termes de volume. Il mesure 84 mètres de haut et son tronc est large de 30 mètres. On estime qu'il pèse environ 2,7 millions de livres (1 225 tonnes) et qu'il a environ 2 100 ans.

- *La Rafflesia arnoldii*, également connue sous le nom de fleur de cadavre, est la plus grande fleur individuelle au monde. Elle peut atteindre 3 pieds de diamètre et peser jusqu'à 15 livres. Elle dégage une odeur nauséabonde qui rappelle celle de la viande en décomposition. Cette fleur est originaire des forêts tropicales d'Asie du Sud-Est, notamment d'Indonésie, de Malaisie, de Thaïlande et des Philippines. Plante parasite, elle s'attache à une liane hôte pour obtenir de l'eau et des nutriments. La fleur de cadavre est une plante rare et menacée qui n'est presque jamais cultivée dans les jardins botaniques.

2.2 Les plus petites usines

- La farine d'eau est la plus petite plante à fleurs du monde et mesure à peine 0,004-0,008 pouces (0,1-0,2 mm) de diamètre. Elle appartient au genre Wolffia, une sorte de lentille d'eau. Cette plante vert vif, de forme ovale, pousse en tapis à la surface des étendues d'eau douce calmes comme les étangs, les lacs et les marais. La farine d'eau est riche en protéines et constitue une excellente source de nourriture pour les oiseaux aquatiques et les poissons. Elle est même utilisée dans la cuisine thaïlandaise.

- Le saule nain (*Salix herbacea*), également appelé saule des neiges ou saule nain, est souvent considéré comme le plus petit arbre du monde. Il ne mesure que 1 à 6 cm de haut. Ce minuscule saule, qui s'accroche au sol, fait partie de la famille des Salicaceae et est bien adapté pour survivre dans la toundra arctique et subarctique. Le saule nain possède des chatons mâles et femelles, mais sur des plantes séparées. Les chatons femelles sont rouges, tandis que les chatons mâles sont jaunes. Cependant, certains considèrent le saule nain comme un arbuste ligneux plutôt qu'un arbre, et le titre de "plus petit arbre" est donc sujet à débat.

2.3 Les plantes les plus anciennes

- Estimée à environ 80 000 ans, la colonie de peupliers faux-trembles de Pando est non seulement l'une des plus grandes plantes de la planète, mais aussi la plus ancienne plante vivante découverte à ce jour.

- On estime que le houx de King (*Lomatia tasmanica*) a au moins 43 000 ans. Il a été découvert en 1937 par l'explorateur tasmanien Denny King et on pense qu'il se trouve quelque part dans les régions sauvages du sud de la Tasmanie. Le houx de King se reproduit uniquement par voie végétative, c'est-à-dire qu'une nouvelle plante pousse lorsqu'une branche tombe et développe ses propres racines.

- Methuselah, un pin bristlecone du Grand Bassin situé dans les White Mountains de Californie, est estimé à 4 856 ans en août 2024[2] . Il s'agit du plus vieil arbre vivant non clonal connu au monde. L'âge de l'arbre a été déterminé en comptant les anneaux des carottes prélevées à sa base en 1957. Pour le protéger du vandalisme, l'U.S. Forest Service garde secret l'emplacement exact de l'arbre. L'arbre porte le nom du patriarche biblique Mathusalem, qui aurait vécu 969 ans.

2.4 Les plantes les plus toxiques

Le haricot le plus mortel

- Le ricin est un arbuste originaire d'Afrique qui est sans doute la plante la plus toxique au monde. Les graines de ricin contiennent de la ricine, une toxine estimée 6 000 fois plus toxique que le cyanure et 12 000 fois plus toxique que le venin de serpent à sonnette. Une seule fève de ricin peut être mortelle pour un enfant, tandis que trois fèves ou plus peuvent être mortelles pour un adulte. Les symptômes d'un empoisonnement à la ricine comprennent des vomissements, de fortes douleurs abdominales, des diarrhées et des convulsions. La chaleur (80°C) inactive la toxine.

- La fève de jequirity est la graine du pois rosaire, une vigne vénéneuse à feuilles persistantes originaire de l'Inde et d'autres régions tropicales et subtropicales du monde. Il doit son nom à son aspect de chapelet. Les haricots de Jequirity sont extrêmement toxiques car ils contiennent de l'abrine, une toxine jusqu'à 75 fois plus puissante que la ricine, le poison présent dans les graines de ricin. L'abrine inhibe la synthèse des protéines dans les cellules et induit la mort cellulaire. Toutefois, l'intoxication par les graines de jequirity est rare car les graines ont une coque dure qui empêche la toxine d'être digérée dans l'intestin.

L'arbre le plus meurtrier

- Le mancenillier (*Hippomane mancinella*) est considéré comme l'arbre le plus toxique au monde. Ses fruits, qui ressemblent à des pommes, sont à l'origine de son nom espagnol, *manzanilla de la muerte*, qui signifie "petite pomme de la mort". Toutes les parties de l'arbre sont toxiques, y compris la sève, l'écorce et les fruits. Le contact avec la sève de l'arbre peut provoquer de graves ampoules et l'exposition à la sève peut entraîner la cécité. Même le fait de se tenir sous l'arbre pendant une tempête de pluie peut provoquer des cloques si les gouttes de pluie contiennent de la sève. Manger le fruit peut provoquer une agonie, voire la mort. Le manchenillier est originaire des Caraïbes, de Floride et du nord de l'Amérique du Sud.

Le champignon le plus mortel (qui n'est pas une plante)

- Le champignon de la mort (*Amanita phalloides*) est le plus mortel au monde, responsable de 90 % des décès liés aux champignons. Ce champignon de taille moyenne à grande a un chapeau gris verdâtre, des branchies blanches, un anneau blanc autour de sa tige et un grand sac blanc à la base de la tige. Originaire d'Eurasie, le champignon de la mort a été introduit accidentellement en Amérique du Nord dans les années 1930. On le trouve aujourd'hui dans les environnements urbains et il colonise lentement la côte ouest. Ce champignon contient des amatoxines, qui provoquent des lésions hépatiques et rénales potentiellement mortelles. Un seul champignon peut contenir suffisamment de poison pour tuer un adulte moyen. Les symptômes de l'empoisonnement par le chapeau de la mort comprennent l'hypotension artérielle, les nausées et les vomissements. Ne touchez jamais ce champignon si vous le rencontrez dans la nature !

La plante la plus meurtrière d'Europe et d'Amérique du Nord

- L'aconit est l'une des plantes les plus toxiques d'Europe. Elle contient une neurotoxine appelée aconitine, qui peut être absorbée par la peau et provoquer un empoisonnement par contact. Il suffit de 2 milligrammes d'aconitine ou d'un gramme de la plante pour provoquer la mort par paralysie respiratoire ou insuffisance cardiaque. Dans l'Antiquité, les gens utilisaient la plante sur les pointes de flèches et comme appât pour tuer les loups (d'où son nom). L'aconit est originaire d'Europe occidentale et centrale, mais il existe une centaine d'espèces d'aconit, dont cinq sont originaires d'Amérique du Nord.

- La ciguë est considérée comme la plante la plus toxique d'Amérique du Nord. Elle contient une toxine appelée cicutoxine, qui provoque rapidement des symptômes gastro-intestinaux tels que des nausées, des vomissements et des douleurs abdominales dans les 60 minutes suivant l'ingestion. La toxine agit également directement sur le système nerveux central, provoquant des crises d'épilepsie et d'autres symptômes. La racine de la plante contient la plus forte concentration de toxine, et une seule piqûre peut être mortelle. La ciguë d'eau pousse dans les endroits humides et marécageux et est souvent confondue avec le panais ou le céleri sauvage.

La tentation la plus mortelle

- La morelle mortelle contient des composés appelés atropine et solanine, qui peuvent être mortels en cas d'ingestion. Les baies de la morelle mortelle ressemblent à des myrtilles, ce qui les rend faciles à ingérer par accident. Les baies de la plante sont particulièrement dangereuses car elles ont un goût sucré mais sont mortelles. La morelle mortelle a une longue histoire d'utilisation et d'abus, notamment en tant que poison et dans les cosmétiques. Le nom de la plante vient du mot italien signifiant "belle femme", car les femmes avaient l'habitude d'appliquer son jus sur leurs yeux pour dilater leurs pupilles. On rapporte que deux baies seulement peuvent tuer un enfant, et 10 à 15 un adulte.

2.5 Les plantes les plus résistantes

- La Welwitschia mirabilis, également connue sous le nom de Welwitschia, est une plante unique qui a survécu pendant des milliers d'années dans le rude désert du Namib. On estime que certains Welwitschia ont entre 1 500 et 2 000 ans. Elle est considérée comme un "fossile vivant" et on pense qu'elle a évolué à la même époque que les dinosaures. La racine profonde du Welwitschia, qui peut atteindre 1,5 mètre ou plus, l'aide à survivre dans le désert aride en absorbant l'eau du brouillard marin et des nappes phréatiques profondes.

- Les plantes de résurrection (*Selaginella lepidophylla*), que l'on trouve dans le désert de Chihuahuan aux États-Unis et au Mexique, sont remarquablement résistantes. Elles peuvent perdre presque toute leur eau et rester desséchées pendant des années. Cependant, elles peuvent revivre rapidement en 48 heures avec un peu d'eau. Les plantes de résurrection accumulent de grandes quantités de saccharose et de tréhalose (deux types de sucres) dans leurs tissus, ce qui stabilise les enzymes et les structures cellulaires en l'absence d'eau et prévient les dommages causés par les sels.

2.6 Les plantes à croissance rapide

- Le bambou est la plante à la croissance la plus rapide au monde et peut pousser jusqu'à 0,9 mètre par jour, soit 38 millimètres par heure. Cela équivaut à ajouter la taille d'un trombone à la hauteur du bambou toutes les heures ! Le bambou ne pousse visiblement au-dessus du sol que pendant environ 60 jours au printemps. Ensuite, les tiges cessent de pousser et la plante réoriente son énergie vers ses racines. La croissance rapide du bambou est principalement due à ses tiges creuses et à l'expansion rapide de ses cellules après l'absorption d'eau.

- Bien qu'il ne s'agisse pas d'une plante, le varech géant (*Macrocystis pyrifera*) est une algue brune extrêmement grande et l'une des espèces à la croissance la plus rapide dans l'océan. Elle pousse à un rythme moyen de 28 cm par jour, mais peut atteindre 61 cm par jour dans des conditions idéales. Elle peut atteindre plus de 30 mètres de long en un peu plus d'un an. Le varech géant prospère dans les eaux turbulentes, qui lui fournissent les nutriments nécessaires à sa croissance.

2.7 Les plantes les plus colorées

L'arbre le plus coloré

- L'eucalyptus arc-en-ciel est connu pour ses couleurs et ses motifs frappants et est considéré comme l'arbre le plus coloré au monde. L'écorce de l'arbre est naturellement brune, mais elle se détache par bandes pour révéler une écorce interne d'un vert éclatant. Lorsque l'écorce verte est exposée à l'air, elle change de couleur au fil du temps, prenant des nuances de violet, de bleu, d'orange, de rouge et de jaune. L'arbre perd son écorce à différents moments de l'année, révélant à chaque fois de nouvelles couleurs et de nouveaux motifs. C'est pourquoi il n'y a pas deux eucalyptus arc-en-ciel qui présentent le même motif. L'eucalyptus arc-en-ciel peut atteindre 75 mètres de haut. Il a été introduit à Hawaii en 1929 et peut être trouvé dans différents endroits de l'île.

Les fleurs les plus colorées

- Les fleurs d'oiseaux de paradis (*Strelitzia reginae*) sont connues pour leurs couleurs vives et leur apparence frappante. Elles présentent une gamme de couleurs, dont l'orange, le rouge, le bleu et le jaune. Les fleurs ont des motifs complexes et ressemblent à un coucher de soleil tropical. Leur forme est également remarquable, avec des pétales qui se déploient en éventail comme des ailes et une structure en forme de bec. Les fleurs d'oiseau de paradis sont originaires d'Afrique du Sud. Elles sont très appréciées comme plantes d'intérieur et sont moins sensibles au froid que d'autres fleurs tropicales.

- Le lotus bleu, également connu sous le nom de lys bleu sacré du Nil, est un nénuphar tropical dont les fleurs en forme d'étoile s'épanouissent pendant la journée. Les fleurs peuvent atteindre un diamètre de 102 à 152 millimètres et possèdent des pétales droits et pointus qui s'étalent à plat sur la surface de l'eau. La fleur de lotus bleu est connue pour sa couleur frappante, un bleu ciel vibrant avec des touches de violet. Les extrémités pointues des pétales sont bleu ciel et passent au blanc vers le centre, ce qui donne un aspect lumineux. Dans l'Égypte ancienne, le lotus bleu était lié à la renaissance et au dieu soleil Râ.

2.8 Les adaptations les plus insolites

- Une prise mortelle. Le piège à mouches de Vénus est une plante carnivore qui possède l'un des mécanismes de piégeage les plus rapides du règne végétal. Elle attire ses proies grâce à une odeur fruitée et au revêtement rougeâtre de ses feuilles, qui sont dotées de minuscules poils appelés trichomes, sensibles au toucher. Lorsqu'un insecte touche les poils, les feuilles de la plante se referment en moins d'une seconde, emprisonnant la proie à l'intérieur. La plante sécrète alors des enzymes qui dissolvent le corps de la proie, lui fournissant ainsi des nutriments. Le piège se rouvre au bout d'une dizaine de jours dans l'attente du prochain repas.

- Plantes ressemblant à des pierres. Les lithops sont de petites plantes succulentes originaires des déserts du sud de l'Afrique. Elles ont développé une paire de feuilles épaisses qui ressemblent à des galets colorés. La plante a une courte tige et ses fleurs émergent d'une fissure au sommet des feuilles. Son apparence la protège efficacement de la consommation des animaux et les lithops sont très difficiles à repérer, même pour un œil exercé. Les lithops peuvent vivre jusqu'à 40 ou 50 ans.

- L'arbre de vie. Le baobab est une plante africaine succulente qui peut stocker plus de 1 000 gallons d'eau dans son tronc épais pendant la saison des pluies, ce qui lui donne son aspect emblématique. L'écorce et les fruits de l'arbre ont plus de 300 applications vitales. Par exemple, ses feuilles riches en fer sont comestibles. Le fruit est un superaliment qui contient six fois plus de vitamine C que l'orange. Le jus de fruit peut être utilisé comme médicament pour calmer l'estomac d'un enfant. Les graines peuvent être utilisées pour créer des huiles. L'écorce peut être transformée en corde et en vêtements. En outre, l'arbre est à l'origine de nombreux remèdes, traditions et folklores indigènes. Le baobab est connu pour survivre à la sécheresse et au feu, et le plus vieux baobab a plus de 2 500 ans.

- Piqûres douloureuses. L'ortie est une plante fréquemment utilisée dans la phytothérapie occidentale. Ses feuilles et ses tiges sont munies de minuscules poils creux d'environ 1 millimètre de long. Lorsque les poils touchent la peau, leur extrémité se brise et injecte dans la peau des substances chimiques telles que l'histamine, l'acétylcholine, la sérotonine et l'acide formique. Ces substances chimiques provoquent une réaction cutanée douloureuse immédiate, qui peut prendre la forme d'une brûlure, de démangeaisons ou de picotements. La peau peut également rougir et développer une éruption cutanée qui ne s'étend pas. Curieusement, l'ortie peut atténuer la douleur dans les zones douloureuses du corps. Les scientifiques pensent que cela est dû au fait qu'elle réduit les substances chimiques inflammatoires dans le corps et interfère avec la transmission du signal de la douleur.

- Ne me touchez pas. La plante sensible, également connue sous le nom de *Mimosa pudica*, réagit au contact physique et à l'obscurité par des mouvements rapides et des changements d'orientation des feuilles. Lorsqu'on la touche ou qu'on la secoue, ses feuilles se replient vers l'intérieur et ses branches s'affaissent, une réaction connue sous le nom de thigmonastie. On pense que ce mouvement est un mécanisme de défense qui effraie les herbivores. Les feuilles se rouvrent après quelques minutes. La réaction rapide de la plante au toucher est due à des cellules spécialisées situées à la base des feuilles et des tiges qui libèrent rapidement de l'eau.

- L'arbre qui marche. Une rumeur circule selon laquelle le palmier marcheur, également connu sous le nom de *Socratea exorrhiza*, peut marcher jusqu'à 20 mètres par an[3] . Le processus comprend trois étapes : l'érosion du sol, qui permet à l'arbre de faire pousser de nouvelles racines vers le soleil ; l'établissement des racines, où les nouvelles racines s'installent dans le nouveau sol, et l'arbre se penche vers elles ; et l'élimination des anciennes racines, dans laquelle les anciennes racines se désintègrent, et l'arbre déplace son centre de gravité vers le nouveau système racinaire. Cependant, certains scientifiques se demandent si le palmier marche réellement. Des études plus approfondies permettront de déterminer la capacité de marche de l'arbre dans les jungles d'Amérique centrale et d'Amérique du Sud.

2.9 Des cultures étonnantes

- Mortellement épicé. En octobre 2023, le piment le plus fort du monde est le Pepper X, qui mesure en moyenne 2,69 millions d'unités de chaleur Scoville (SHU). Cette valeur est environ 1 000 fois supérieure à celle d'un piment jalapeño moyen. L'ancien détenteur du record était le Carolina Reaper, avec une moyenne de 1,64 million de SHU. Les deux piments ont été développés par Ed Currie par croisement. Manger un Pepper X peut provoquer des brûlures d'estomac et de graves crampes abdominales, et le simple fait de le toucher peut provoquer une douleur brûlante sur la peau. À titre de comparaison, un piment jalapeño a une teneur en SHU comprise entre 2 500 et 5 000, tandis qu'un piment thaïlandais a une teneur en SHU comprise entre 50 000 et 100 000.

- La reine du sucre. La mangue est considérée comme le fruit le plus sucré du monde. Une mangue (environ 220 grammes) contient 45 grammes de sucre. La mangue

Carabao et la mangue de Manille des Philippines, ainsi que les super-mangues d'Égypte, comptent parmi les variétés les plus sucrées. Ce goût sucré est dû à la forte teneur en fructose de la mangue. Une tasse de raisin (150 grammes) contient 23 grammes de sucre et une tasse de cerises (140-150 grammes) 18 grammes. Faites donc attention à la teneur en sucre la prochaine fois que vous choisirez un en-cas !

- Fabuleusement gras. L'avocat est le fruit le plus riche en graisses, avec environ 80 % de ses calories provenant des graisses. Un avocat de taille moyenne contient généralement 22 à 23 grammes de matières grasses, soit environ 250 calories. La graisse contenue dans les avocats est principalement monoinsaturée, ce qui contribue à réduire le taux de cholestérol LDL (mauvais cholestérol) et le risque de maladies cardiaques et d'accidents vasculaires cérébraux. Les avocats sont également riches en fibres et contiennent de nombreuses vitamines et minéraux.

- Le titan des champs. Le légume le plus lourd jamais enregistré (en octobre 2023) est une citrouille de 1 246,9 kg cultivée par Travis Gienger aux États-Unis[4] . Elle a été présentée lors du 50e Safeway World Championship Pumpkin Weigh-Off à Half Moon Bay, en Californie, le 9 octobre 2023. Travis Gienger a baptisé sa citrouille "Michael Jordan" en hommage au légendaire joueur de basket-ball. Cette citrouille a battu le précédent record de 1 226 kg établi par Stefano Cutrupi en Italie en 2021. M. Gienger, professeur d'horticulture, est connu pour cultiver des citrouilles géantes, notamment une citrouille de 2 560 livres en 2022 qui a été sculptée en un jack-o'-lantern sur le thème de l'aigle.

- Impossible de s'en passer. Le riz est l'une des cultures les plus importantes au monde. Il nourrit plus de personnes que n'importe quel autre aliment de base. Il constitue l'aliment principal de plus de 3,5 milliards de personnes, en particulier en Asie, en Amérique latine et dans certaines régions d'Afrique, soit plus de la moitié de la population mondiale. La culture du riz a commencé dans l'Inde ancienne ou en Asie du Sud-Est, et aujourd'hui, la Chine, l'Inde et l'Indonésie sont les principaux producteurs de riz au monde. Cette céréale polyvalente fournit plus de 20 % de toutes les calories consommées par l'homme.

- La plus ancienne culture. Le taro est considéré comme la plus ancienne plante cultivée au monde. Selon des recherches publiées en 2023, son utilisation remonte à près de 28 000 ans dans les îles Salomon, soit bien plus que les 13 000 ans de la lentille[5] . Le taro est originaire d'Asie du Sud-Est et s'est ensuite répandu dans d'autres parties du monde, notamment au Japon, dans les îles du Pacifique et en Afrique. C'est une culture de base dans le Pacifique, en Asie, en Afrique de l'Ouest et dans les Amériques, qui nourrit plus de 500 millions de personnes dans le monde.

Notes

1. *La plus grande plante du monde est un clone d'herbier australien*. (2022, 1er juin). Muséum d'histoire naturelle. https://www.nhm.ac.uk/discover/news/2022/june/worlds-largest-plant-australian-seagrass-clone.html

2. *Methuselah, un pin de Bristlecone est considéré comme le plus vieil organisme vivant sur Terre*. (2011, 21 avril). USDA. https://www.usda.gov/media/blog/2011/04/21/methuselah-bristlecone-pine-thought-be-oldest-living-organism-earth

3. Gruber, K. (2022, 25 février). *Des arbres qui peuvent marcher jusqu'à 20 m par an*. https://www.bbc.com/travel/article/20151207-ecuadors-mysterious-walking-trees

4. *La citrouille la plus lourde* (2023, 12 octobre). Guinness World Records. https://www.guinnessworldrecords.com/world-records/heaviest-pumpkin

5. Ferdaus, M. J., Chukwu-Munsen, E., Foguel, A. et Da Silva, R. C. (2023). Taro roots : an underexploited root crop. *Nutrients*, *15*(15), 3337. https://doi.org/10.3390/nu15153337

Chapter 3

Phénomènes naturels extrêmes

3.1 Les vents les plus rapides

- La vitesse de vent non tornadique la plus rapide jamais enregistrée par un anémomètre a été de 253 miles par heure (408 km/h), mesurée le 10 avril 1996 sur l'île de Barrow, en Australie, pendant le cyclone tropical Olivia. La rafale a été produite par une circulation à petite échelle à l'intérieur du mur de l'œil d'Olivia, appelée mésovortex. Cependant, la vitesse de vent la plus rapide jamais enregistrée dans une station météorologique dotée de personnel a été de 231 mph (372 km/h), mesurée à l'observatoire du Mont Washington dans le New Hampshire le 12 avril 1934. Le Mont Washington détient également le record de la vitesse du vent la plus élevée dans l'hémisphère Nord et l'hémisphère Ouest.

- La tornade la plus puissante. La tornade de Bridge Creek-Moore de 1999 était une tornade de catégorie F5 avec des vents atteignant une vitesse record de 321 miles par heure (517 km/h). C'est l'une des 58 tornades qui ont frappé Oklahoma City le 3 mai 1999, et c'est la plus destructrice de l'épidémie. Il s'agit de la première tornade de catégorie F5 à frapper la région métropolitaine d'Oklahoma City. La tornade a suivi pendant près d'une heure et demie une trajectoire de 38 miles, tuant au moins 36 personnes et en blessant 583 autres. Elle a causé un milliard de dollars de dégâts, soit l'équivalent d'environ 1,8 milliard de dollars aujourd'hui.

3.2 Les endroits les plus venteux

- Commonwealth Bay, en Antarctique, est connu pour être l'endroit le plus venteux de la planète. Elle est réputée pour ses vents catabatiques, causés par l'air froid qui descend de la calotte glaciaire de l'Antarctique. Avec une vitesse moyenne annuelle de 50 mph, les rafales dans la baie peuvent atteindre des vitesses de plus de 150 mph et peuvent durer plusieurs jours. La forme en demi-lune de la baie entoure les courants d'air, les forçant à se déplacer plus rapidement. L'absence de masse terrestre pour ralentir le vent contribue à faire de l'Antarctique l'un des endroits les plus venteux de la planète. Commonwealth Bay est également connue pour avoir servi de base à l'expédition antarctique australasienne.

- Wellington, en Nouvelle-Zélande, est considérée comme la ville la plus venteuse du monde. Le vent n'est pas exceptionnellement fort, avec une moyenne de 22,7 mph (36,5 km/h) tout au long de l'année, mais il y a des rafales de plus de 37 mph (60 km/h) pendant 173 jours par an. La plus forte rafale jamais enregistrée à Wellington, sur le mont Kaukau, a atteint 125 mph (201 km/h). La situation de Wellington dans le détroit de Cook, entre l'océan Pacifique et l'île du Sud de la Nouvelle-Zélande, la rend vulnérable aux vents violents. Le détroit de Cook agit comme une soufflerie, canalisant les brises océaniques vers la ville. Wellington est surnommée "Wellington la venteuse" et son front de mer est orné d'une statue intitulée "Solace in the Wind", qui représente une personne se penchant face à la brise. En raison de la force des vents, Wellington exploite cette ressource naturelle pour produire de l'énergie propre.

3.3 Les plus fortes précipitations

- Le village de Mawsynram, situé dans l'État indien de Meghalaya, détient le titre d'endroit le plus humide de la planète, avec des précipitations annuelles moyennes de 467,4 pouces (11 872 mm). Cette quantité stupéfiante est dix fois supérieure à la moyenne nationale de l'Inde, qui est de 42,6 pouces (1 083 mm). En 1985, Mawsynram a obtenu une place dans le Guinness World Records pour les précipitations annuelles les plus élevées jamais documentées, enregistrant une quantité stupéfiante de 1 042,2 pouces (26 471 mm) entre 1860 et 1861. Nichée dans les Khasi Hills, Mawsynram doit ses précipitations extraordinaires à l'air chaud et humide qui arrive du golfe du Bengale pendant la saison de la mousson. À titre de comparaison, Cardiff, la ville la plus pluvieuse du Royaume-Uni, ne reçoit en moyenne que 45,4 pouces (1 152 mm) de pluie par an.

- En Colombie, López de Micay et Lloró ont enregistré des totaux annuels de précipitations estimés à 507,6 pouces (12 892,4 mm) et 500,7 pouces (12 717 mm), respectivement. Toutefois, ces chiffres ne sont pas largement reconnus en raison des lacunes dans les données disponibles.

3.4 Les plus fortes chutes de neige

- Sukayu Onsen, qui signifie "source chaude acide", est l'un des endroits habités les plus enneigés du monde. Il est situé dans la ville d'Aomori, dans la partie nord de l'île principale du Japon, Honshu. Elle reçoit en moyenne 57,9 pieds (17,6 mètres) de neige par an, soit l'enneigement le plus élevé au monde pour une station officielle. Son record d'enneigement hivernal est de 78 pieds (23,7 mètres). Le 26 février 2013, Sukayu Onsen a enregistré 5,66 mètres de neige, soit l'épaisseur de neige la plus élevée jamais enregistrée par une station météorologique certifiée par la JMA. Malgré les fortes chutes de neige, Sukayu Onsen est accessible par la route tout au long de l'année et est célèbre pour ses grandes sources thermales publiques et la proximité du ski. L'altitude élevée de la région, les vents froids du nord et le climat continental humide contribuent à l'importance des chutes de neige.

- Bien que Sukayu Onsen soit connu pour ses plus fortes chutes de neige annuelles, l'endroit le plus enneigé en une année a été Paradise, Mount Rainier, Washington. Il a reçu 31,1 mètres de neige du 19 février 1971 au 18 février 1972, soit la hauteur d'un immeuble de 10 étages. Il s'agit également du record du monde Guinness de la plus grande chute de neige en 12 mois. Par ailleurs, la plus forte chute de neige en 24 heures a été de 2,56 mètres à Capracotta, en Italie, le 5 mars 2015. Veillez à rester à l'intérieur les jours de neige !

3.5 Les endroits les plus secs

- Arica, au Chili, est considérée comme la ville la plus sèche du monde, avec des précipitations annuelles moyennes de seulement 0,08 cm sur une période de 59 ans. Le désert d'Atacama qui l'entoure est encore plus sec, certaines zones n'ayant reçu aucune pluie depuis plus de 500 ans. Cette aridité est due au fait que l'Atacama se trouve dans une zone d'ombre pluviométrique, où les montagnes bloquent l'air chargé d'humidité, ne permettant qu'à l'air sec d'atteindre le désert.

- Les vallées sèches de McMurdo, en Antarctique, sont un autre endroit extrêmement sec sur Terre. Situées à environ 97 kilomètres de la côte ouest du détroit de McMurdo, elles sont dépourvues de glace et recouvertes de roches stériles. Cela est dû à des vents catabatiques forts et secs, dont la vitesse peut atteindre 200 miles par heure (322 km/h), qui emportent toute la neige tombée au fond de la vallée. En raison de leur très faible taux d'humidité, le désert d'Atacama au Chili et les vallées sèches de McMurdo sont utilisés par la NASA pour tester les outils et l'équipement des missions martiennes.

3.6 Les plus grands déserts

- Cela peut vous surprendre, mais le plus grand désert du monde n'est pas le Sahara. L'Antarctique est le plus grand désert du monde, avec une superficie de 14,2 millions de kilomètres carrés. C'est aussi le désert le plus froid et le plus venteux de la planète, et c'est là que se trouve le pôle Sud géographique. L'Antarctique est considéré comme un désert parce qu'il reçoit très peu de précipitations, certaines zones recevant moins de 51 millimètres par an. Les déserts se caractérisent par de faibles quantités de pluie et de neige, ce qui réduit la quantité d'eau liquide au sol, plutôt que par des températures élevées et des dunes de sable. En fait, les vallées sèches de McMurdo, en Antarctique, sont l'un des endroits les plus secs de la planète. Malgré ses conditions difficiles, l'Antarctique abrite une faune variée, notamment des manchots, des phoques et des orques.

- Le désert polaire arctique est le deuxième plus grand désert de la planète, après l'Antarctique. Ce vaste désert polaire froid s'étend sur 13,9 millions de kilomètres carrés et comprend les régions les plus septentrionales de la planète, couvrant principalement des parties du Canada, du Groenland et de la Russie. Il se caractérise par des températures extrêmement basses, des précipitations minimes et un paysage dépourvu d'eau liquide. L'Arctique se caractérise par de grandes nappes glaciaires, du pergélisol et un environnement rude et venteux. Malgré ces conditions difficiles, il abrite diverses espèces adaptées comme les ours polaires, les morses et des oiseaux comme la sterne arctique et le fulmar boréal.

- Le désert du Sahara est le plus grand désert chaud du monde et le troisième plus grand désert, après l'Antarctique et l'Arctique. Il couvre 9,3 millions de kilomètres carrés, soit une superficie comparable à celle de la Chine. Le Sahara est le désert le plus chaud du monde, avec une température annuelle moyenne de 30 °C et un record de 58 °C. Les précipitations sont minimes, avec moins d'un pouce (25,4 millimètres) par an dans de nombreuses régions. Malgré ces conditions difficiles, le Sahara abrite une flore diversifiée, notamment des cactus, des palmiers dattiers et des plantes épineuses adaptées pour minimiser la perte d'humidité. Il abrite également des centaines d'espèces animales, comme les bousiers, les scarabées, les scorpions et diverses fourmis. Le Sahara a une histoire riche, avec une occupation humaine qui s'étend sur plusieurs siècles. Des civilisations notables comme l'Égypte ancienne et Carthage sont nées dans cette région. En raison de son paysage unique, le Sahara a servi de lieu de tournage pour la saga Star Wars.

3.7 Les températures les plus froides

- Yakutsk, en Russie, est la ville la plus froide du monde en 2023. Capitale de la République de Sakha, en Sibérie orientale, Yakoutsk a enregistré une température minimale de -83,9°F (-64,4°C) le 5 février 1891. Le mois de janvier est généralement le plus froid, avec une température moyenne de -42°C. Cette ville de 355 000 habitants est construite sur du pergélisol (une couche de sol gelé qui comprend de la terre, du gravier et du sable), et de nombreuses maisons sont construites sur des pilotis en béton. Malgré les hivers glacials, Yakutsk connaît des étés étonnamment chauds, avec une moyenne de 78,8°F (26°C) en juillet, ce qui est plus chaud que Londres.

- Oymyakon est un village isolé de la République de Sakha, en Russie, situé entre deux vallées. Il est connu pour être l'endroit habité le plus froid de la planète, avec une température hivernale moyenne d'environ -50°C (-58°F). En 1924, la température est tombée à -96,2°F (-71,2°C), ce qui fait froid dans le dos. Le village se compose de maisons en bois construites sur des fondations profondément enfoncées dans le pergélisol. Les habitants laissent leurs voitures en marche pour éviter qu'elles ne redémarrent dans le froid extrême. Oymyakon comptait autrefois 2 500 habitants, mais en 2018, ils n'étaient plus que 900.

- L'endroit le plus froid de la planète est le plateau de l'Antarctique de l'Est, où les températures peuvent chuter jusqu'à -98°C (-144°F). Situé au centre du continent, le plateau abrite le pôle Sud géographique. Les scientifiques ont utilisé des capteurs satellitaires pour enregistrer cette température extrême le 10 août 2010. Le ciel dégagé et l'air extrêmement sec de la région contribuent à ces conditions glaciales.

3.8 Les températures les plus élevées

- Dallol, en Éthiopie, est considéré comme l'endroit habité le plus chaud de la planète, avec une température annuelle moyenne de 34,4°C. Cependant, les températures diurnes peuvent atteindre plus de 49°C (120°F). Situé dans la dépression du Danakil, l'environnement extrême de Dallol résulte de la combinaison d'une chaleur intense, de conditions arides et d'une faible altitude.

- La température la plus élevée jamais enregistrée sur Terre a été de 134,1°F (56,7°C) à Furnace Creek Ranch dans la Vallée de la Mort, en Californie, le 10 juillet 1913. En 2024, la Vallée de la Mort a connu l'été le plus chaud jamais enregistré, avec une température moyenne de 104,5°F (40,3°C) sur 24 heures, de juin à août. Ce chiffre a battu le précédent record de 40,1 °C (104,2 °F) établi en 2018 et 2021.

- Le désert de Lut, en Iran, détient le record de la température de surface la plus élevée sur Terre. En 2005, un satellite a mesuré la température de la surface du sol dans le désert de Lut à 70,7°C (159,3°F). En 2021, un satellite a enregistré des températures allant jusqu'à 81°C (177°F) dans le désert. Le désert de Lut est situé dans un bassin entouré de montagnes dans le sud-est de l'Iran. Sa situation contribue à son extrême sécheresse, ce qui le rend inhospitalier pour la plupart des formes de vie. Cependant, le désert de Lut abrite une variété d'animaux résistants, notamment des renards de Rüppell, des chats des sables, des serpents à flèches et des scorpions dorés.

3.9 Les tremblements de terre extrêmes

- Le séisme le plus profond jamais enregistré est une réplique mineure du séisme d'Ogasawara de 2015, qui s'est produite à une profondeur de 751 kilomètres (467 miles) sous la surface de la Terre. Ce séisme était si profond qu'il a pris naissance dans le manteau inférieur, une région où les sismologues pensaient auparavant que les tremblements de terre étaient impossibles. Le séisme d'Ogasawara de 2015, d'une magnitude de 7,9, a secoué les îles Bonin au large du Japon continental. La réplique, trop faible pour être ressentie à la surface, n'a été détectée que par le réseau de stations sismiques Hi-net du Japon.

- Le tremblement de terre le plus puissant jamais enregistré est celui d'une magnitude de 9,5 qui s'est produit au Chili le 22 mai 1960. Le tremblement de terre s'est produit dans une zone de subduction où la plaque pacifique s'est déplacée sous la plaque sud-américaine. Il a provoqué des tsunamis dans tout l'océan Pacifique, touchant Hawaï, le Japon, les Philippines, l'est de la Nouvelle-Zélande, le sud-est de l'Australie et les îles Aléoutiennes. Hilo, à Hawaï, à plus de 10 000 kilomètres de l'épicentre, a enregistré des vagues de tsunami d'une hauteur de 10,7 mètres. Le tremblement de terre de 1960 au Chili a conduit à la mise en place d'un système mondial d'alerte aux tsunamis.

- Le tremblement de terre de Tohoku de 2011, d'une magnitude de 9,0, également connu sous le nom de "Grand tremblement de terre de Sendai", est le tremblement de terre le plus puissant qui ait jamais frappé le Japon. Il s'agit probablement du tremblement de terre qui a eu le plus d'impact, déplaçant l'île principale du Japon d'environ 2,4 mètres et l'axe de la Terre d'environ 17 centimètres. Il a entraîné un raccourcissement de la durée du jour de 1,8 microseconde.

- Le tremblement de terre et le tsunami de Tohoku en 2011 sont également considérés comme le tremblement de terre le plus coûteux de l'histoire, avec des coûts estimés à 360 milliards de dollars. Le tremblement de terre a détruit plus de 123 000 maisons et en a endommagé près d'un million d'autres. Il a également gravement endommagé les générateurs de secours de la centrale nucléaire de Fukushima Daiichi, entraînant un accident nucléaire qui a libéré des matières radioactives dans l'atmosphère et dans l'océan.

- Certains pensent que le tremblement de terre de 2004 dans l'océan Indien, qui a coûté la vie à 227 898 personnes, est le tremblement de terre le plus meurtrier, mais ce n'est pas le cas. Le tremblement de terre le plus meurtrier de l'histoire est celui de Shaanxi, en Chine centrale, en 1556, qui a fait environ 830 000 morts. Le tremblement de terre a frappé une région où la plupart des habitants vivaient dans des yaodongs, des grottes artificielles creusées dans la roche tendre, qui se sont effondrées lors du séisme. Le deuxième tremblement de terre le plus meurtrier a été celui de Tangshan, en Chine, en 1976. Le tremblement de terre de magnitude 7,6 a frappé la ville à 3h42 du matin le 28 juillet 1976, alors que la plupart des gens dormaient. On estime à 255 000 le nombre de victimes de ce tremblement de terre, mais certains experts pensent que le bilan pourrait s'élever à 655 000 morts.

3.10 Les plus grandes chutes d'eau

- Angel Falls, située dans le parc national de Canaima, au Venezuela, est souvent considérée comme la plus haute chute d'eau du monde. Avec une hauteur de 979 mètres et une chute ininterrompue de 807 mètres, c'est une merveille naturelle à couper le souffle. Les chutes se composent d'une chute principale, d'une cascade inclinée et d'une chute en aval. Nommée d'après l'aventurier américain James Angel, qui a fait atterrir son avion en catastrophe sur une mesa voisine en 1937, Angel Falls n'est pas considérée comme la plus haute chute d'eau. Certains affirment que seule la chute ininterrompue de 2 648 pieds doit être prise en compte pour mesurer la hauteur d'une chute d'eau. Si cette mesure est utilisée, les chutes de Tugela, en Afrique du Sud, revendiqueraient le titre de plus haute chute d'eau du monde.

- Les chutes de Tugela, en Afrique du Sud, s'élèvent à 948 mètres, ce qui en fait la deuxième chute d'eau la plus haute du monde et la plus haute d'Afrique. Elles se composent de cinq chutes distinctes et la partie la plus haute mesure 411 mètres. Les chutes sont situées dans le parc national royal du Natal, dans les montagnes du Drakensberg, et leur sommet se trouve à près de 3 048 mètres au-dessus du niveau de la mer. Le nom Tugela vient du mot zoulou "thukela", qui signifie "quelque chose qui surprend". Si la hauteur totale d'Angel Falls n'est considérée que comme sa chute initiale de 807 mètres, alors Tugela Falls serait la plus haute chute d'eau du monde.

- Cependant, ni les Angel Falls ni les Tugela Falls n'arrivent à la cheville de la cataracte du détroit de Danemark, une chute d'eau sous-marine située dans l'océan Atlantique entre le Groenland et l'Islande. Il s'agit de la plus haute chute d'eau, toutes catégories confondues, plongeant à plus de 3 505 mètres de la mer du Groenland à la mer d'Irminger. Elle charrie environ 5 millions de mètres cubes d'eau par seconde, soit l'équivalent de près de 2 000 chutes du Niagara au plus fort de leur débit. Ce débordement sous-marin est formé par la différence de densité entre les masses d'eau de part et d'autre du détroit du Danemark.

3.11 Les fleuves les plus longs

- Le fleuve Amazone, auparavant considéré comme le deuxième plus long fleuve après le Nil, est désormais reconnu comme le plus long fleuve du monde. Mesurant au moins 6 853 kilomètres, l'Amazone n'est pas seulement le plus long, mais aussi le plus grand fleuve par sa taille, transportant quatre fois plus d'eau que n'importe quel autre fleuve. Il représente 15 à 16 % du débit total des fleuves du monde dans les océans, pompant 52 834 gallons (200 000 litres) d'eau douce dans l'océan chaque seconde. Le fleuve Amazone est entouré par la forêt amazonienne, qui est la plus grande forêt tropicale du monde et qui abrite des millions d'espèces. Cependant, l'Amazonie est confrontée à de nombreuses menaces, notamment la déforestation, le développement d'infrastructures mal planifiées et le changement climatique.

- Le Nil, long d'environ 6 650 kilomètres, s'écoule de l'Afrique centrale jusqu'à la mer Méditerranée. Il a trois affluents principaux : le Nil blanc, le Nil bleu et l'Atbara. Le bassin hydrographique du Nil couvre environ 10 % de l'Afrique et favorise l'agriculture depuis des milliers d'années. Le Nil était une route commerciale majeure pour les anciens Égyptiens, qui l'utilisaient pour transporter des marchandises telles que l'or, l'ivoire et les épices. Le Nil est entouré de nombreux sites et monuments historiques, notamment les pyramides de Gizeh, le temple de Louxor et la vallée des rois.

3.12 Les océans les plus profonds

- La partie la plus profonde de l'océan est la fosse des Mariannes, située dans l'ouest de l'océan Pacifique, près des îles Mariannes. La partie la plus profonde de la fosse s'appelle Challenger Deep et fait 10 984 mètres de profondeur, soit plus que la hauteur du mont Everest. La pression au fond de la fosse des Mariannes est de 1 086 bars, soit 15 750 livres par pouce carré (psi), ce qui équivaut au poids de 100 éléphants adultes debout sur votre tête. Malgré cet environnement hostile, la fosse abrite des formes de vie étonnamment diverses, notamment le crustacé des grands fonds Hirondellea gigas. En 2012, James Cameron est entré dans l'histoire en devenant la première personne à effectuer une plongée sous-marine en solitaire à Challenger Deep.

- La fosse de Porto Rico est la partie la plus profonde de l'océan Atlantique. Située à environ 75 miles au nord de Porto Rico, la fosse atteint une profondeur maximale de 28 373 pieds (8 648 mètres). Elle s'est formée il y a 70 millions d'années lorsque la plaque nord-américaine a glissé sous la plaque caraïbe. Cette zone géologiquement active présente des risques de tremblements de terre et de tsunamis, mais abrite également une vie marine diversifiée, notamment une population reproductrice de baleines à bosse et d'autres espèces telles que le rorqual de Bryde, le rorqual boréal, le rorqual commun et le petit rorqual.

3.13 Les lacs extrêmes

- La mer Caspienne, située entre l'Europe et l'Asie, est la plus grande étendue d'eau intérieure du monde. Elle est bordée par la Russie, l'Azerbaïdjan, le Kazakhstan, le Turkménistan et l'Iran et couvre environ 149 200 miles carrés (386 400 kilomètres carrés), soit une superficie supérieure à celle du Japon. La mer Caspienne s'étend sur près de 750 miles (1 200 kilomètres) de long et a une largeur moyenne de 200 miles (320 kilomètres). Sa profondeur varie considérablement, les parties les moins profondes au nord ayant une profondeur moyenne de 4 à 6 mètres, tandis que les régions méridionales atteignent des profondeurs de 1 024 mètres. Bien que salée, la salinité de la mer Caspienne ne représente qu'un tiers environ de la salinité moyenne de l'eau de mer. Elle est alimentée par la Volga, l'Oural et le Terek depuis le nord et abrite un écosystème diversifié de poissons, de mollusques et d'autres organismes, y compris des espèces originaires de l'Arctique et de la Méditerranée.

- Le lac Supérieur est le plus grand lac d'eau douce du monde en termes de superficie, couvrant 31 700 miles carrés (82 103 kilomètres carrés). Il est également le troisième plus grand lac du monde en termes de volume, contenant environ 10 % de l'eau douce de surface de la planète. Avec une profondeur maximale de 406 mètres, le lac Supérieur est le plus profond des Grands Lacs. C'est aussi le plus froid des Grands Lacs, avec une température moyenne de l'eau de 4,4°C (40°F). Le lac Supérieur est l'habitat de diverses espèces de mammifères, d'oiseaux, d'amphibiens et de poissons.

- Le lac Baïkal, situé dans le sud de la Sibérie, en Russie, est le lac le plus profond du monde, avec une profondeur maximale de 1 642 mètres. C'est également le plus grand lac d'eau douce du monde en termes de volume, puisqu'il contient 20 à 23 % de l'eau douce de surface non gelée de la Terre. Le lac Baïkal est le plus ancien lac d'eau douce du monde, avec un âge estimé entre 20 et 25 millions d'années. Il s'étend sur 636 kilomètres de long et 79 kilomètres de large, avec une superficie de 31 722 kilomètres carrés. À titre de comparaison, Crater Lake, dans l'Oregon, est le lac le plus profond des États-Unis, avec une profondeur de 592 mètres. Crater Lake est situé dans le parc national de Crater Lake et est connu pour ses montagnes, ses pics et ses forêts à feuilles persistantes.

3.14 Les plus grands volcans

- Vous pensez encore au supervolcan de Yellowstone ? Il en existe un bien plus grand. Le massif de Tamu est un énorme volcan sous-marin et le plus grand volcan de la planète. Situé à environ 1 609 kilomètres à l'est du Japon, dans l'océan Pacifique, il fait partie de la chaîne de montagnes sous-marines Shatsky Rise, qui s'est formée il y a environ 145 millions d'années. Le massif de Tamu couvre une superficie d'environ 120 000 miles carrés (310 799 kilomètres carrés), soit à peu près la taille du Nouveau-Mexique. Son point le plus haut se trouve à environ 1 981 mètres sous la surface de l'océan, et sa base s'étend jusqu'à environ 6,4 kilomètres de profondeur. Le massif de Tamu est environ deux fois plus petit que l'Olympus Mons sur Mars, qui est le plus grand volcan du système solaire et qui est visible de la Terre par nuit claire.

- Le Mauna Loa est le plus grand volcan actif de la planète. Il couvre 5 271 kilomètres carrés et représente environ la moitié de l'île d'Hawaï. Son sommet culmine à 4 170 mètres au-dessus du niveau de la mer, mais ses flancs sous-marins descendent encore de 5 000 mètres jusqu'au fond de l'océan. Le Mauna Loa mesure donc plus de 17 000 mètres (56 000 pieds) de la base au sommet, et il est si massif que son poids fait plier le fond de l'océan sous lui ! Le Mauna Loa est entré en éruption 33 fois depuis 1843. Sa dernière éruption a eu lieu du 27 novembre au 13 décembre 2022.

- Cependant, les volcans gigantesques mentionnés ci-dessus ne sont pas les pires fauteurs de troubles. L'éruption volcanique la plus meurtrière de l'histoire est celle du mont Tambora, en Indonésie, les 10 et 11 avril 1815, qui a tué environ 92 000 personnes. L'éruption a tué directement environ 10 000 personnes, et 82 000 autres sont mortes de la famine et des maladies causées par les dépôts de cendres de l'éruption. La puissante éruption a expulsé 13,2 trillions de gallons (50 kilomètres cubes) de magma et a été entendue à plus de 1 200 miles (1 931 kilomètres) sur l'île de Sumatra. L'éruption a laissé une caldeira effondrée de 6 km sur 7 de large et de 1 000 mètres de profondeur à la place du cône sommital du volcan. Il est classé 7 sur l'Indice d'Explosivité Volcanique (VEI), et c'est le deuxième classement le plus élevé et considéré comme "super-colossal".

3.15 Les plus longues vallées

- La vallée du grand rift est la plus longue vallée de rift à la surface de la Terre. Elle s'étend sur plus de 6 400 kilomètres, de la Jordanie au Mozambique, en Afrique de l'Est. Cette vallée en forme de Y comprend un système de rifts interconnectés, dont le rift est-africain, le rift de la mer Rouge et le rift du golfe d'Aden. Sa profondeur moyenne est de 600 à 900 mètres, mais elle peut atteindre 2 700 mètres à certains endroits, comme l'escarpement de Mau au Kenya. La vallée du grand rift est toujours active, s'élargissant et s'approfondissant lentement. Elle abrite de nombreux lacs, volcans, déserts, plaines et escarpements, qui servent d'habitat à une faune variée, notamment des oiseaux, des lions, des léopards, des éléphants, des rhinocéros, des buffles, des guépards, des girafes, des antilopes, des zèbres et des primates.

- La vallée du fleuve Missouri est la plus longue vallée fluviale d'Amérique du Nord. Le fleuve prend sa source dans la chaîne Bitterroot des Rocheuses, dans le sud-ouest du Montana, et coule vers l'est et le sud sur 3 767 km avant de rejoindre le Mississippi au nord de Saint-Louis, dans le Missouri. La vallée, qui comprend les plaines d'inondation et le fond des rivières, draine un sixième des États-Unis. Le fleuve Missouri, souvent appelé "Big Muddy" en raison de sa forte charge sédimentaire, contribue à la richesse du sol alluvial le long de la vallée. Le Missouri a été une voie cruciale pour l'expansion vers l'ouest des États-Unis et a été une artère vitale pour le transport, l'alimentation, le commerce et l'exploration pour des millions de personnes pendant des milliers d'années.

- Cependant, ces deux vallées ne sont même pas proches de la dorsale médio-atlantique (MAR), une énorme chaîne de montagnes sous-marine qui s'étend sur environ 16 000 kilomètres. Cette chaîne de montagnes volcaniques s'étend de l'océan Arctique jusqu'à la pointe sud de l'Afrique. La partie méridionale de la MAR sépare la plaque africaine de la plaque sud-américaine. Les MAR sont le siège d'un phénomène d'étalement du plancher océanique, où le magma du manteau remonte jusqu'au plancher océanique, se refroidit et s'éloigne de la dorsale. Ce processus est responsable de l'élargissement de l'océan Atlantique à un rythme d'environ 1 à 10 cm par an.

3.16 Les plaines extraordinaires

- La plaine de Sibérie occidentale, située dans le centre de la Russie, est la plus grande plaine du monde, couvrant environ 3,1 millions de kilomètres carrés. Elle est considérée comme la plus grande plaine ininterrompue du monde, plus de la moitié de sa superficie étant située à moins de 100 mètres au-dessus du niveau de la mer. La plaine est bordée par les monts Oural à l'ouest, le fleuve Ienisseï à l'est, la mer de Kara au nord et le plateau de Torghay, les hautes terres kazakhes et les monts Altaï au sud. Drainée par l'Ob, l'Irtych, l'Ienisseï et leurs affluents, la plaine comprend des biomes de toundra, de forêt et de steppe, avec des forêts d'un vert profond, des mares et des étangs d'un bleu noir et du pergélisol. La plaine de Sibérie occidentale connaît un différentiel de température saisonnier pouvant atteindre 158°F (70°C) ou plus. En été, les températures peuvent atteindre 30°C, tandis qu'en hiver, elles peuvent chuter jusqu'à -45°C.

- Le plateau tibétain, également connu sous le nom de plateau Qinghai-Tibet ou plateau Qing-Zang, est le plus grand et le plus haut plateau du monde. Il couvre plus de 2,5 millions de kilomètres carrés, soit environ cinq fois la taille de la Californie. Il est situé en Asie centrale et s'étend à travers le Tibet, la Chine et l'Inde. Le plateau tibétain a une altitude moyenne de 4 500 mètres au-dessus du niveau de la mer et est connu sous le nom de "toit du monde". Le plateau est entouré de hautes chaînes de montagnes, dont l'Himalaya, et abrite les deux plus hauts sommets du monde, le mont Everest et le K2. Le plateau tibétain s'est formé il y a environ 55 millions d'années à la suite de la collision des plaques tectoniques indienne et eurasienne. Ce processus continue de pousser les terres vers le haut. Le plateau tibétain est connu pour ses hivers rudes et froids et ses faibles niveaux d'oxygène. Les températures peuvent chuter jusqu'à -40°F (-40°C) en hiver, et l'air à cette altitude ne contient qu'environ 60 % de l'oxygène présent au niveau de la mer.

3.17 Les bassins étonnants

- Le Pacifique est le bassin océanique le plus vaste et le plus profond de la planète. Il couvre plus de 155 millions de kilomètres carrés, soit plus de 30 % de la surface de la planète. Il contient plus de la moitié de l'eau libre de la planète et est si vaste que tous les continents pourraient y tenir. L'océan Pacifique est également le bassin le plus ancien, certaines de ses roches étant estimées à 200 millions d'années. Le Pacifique est connu sous le nom de "ceinture de feu" en raison de l'intense activité volcanique et sismique dans la région où la plaque pacifique rencontre de nombreuses autres plaques tectoniques. Cette région abrite 75 % des volcans du monde et 90 % des tremblements de terre. Le Pacifique abrite la vie marine la plus diversifiée de tous les océans, notamment des lits de varech, des récifs coralliens, des baleines, des tortues de mer et de nombreuses espèces de poissons.

- Le plus grand bassin fluvial du monde est celui de l'Amazone, qui s'étend sur 6,2 millions de kilomètres carrés. Il est situé dans le nord de l'Amérique du Sud et couvre près de 40 % du continent. Le bassin de l'Amazone déverse plus de deux fois plus d'eau que les quatre autres plus grands bassins fluviaux du monde réunis. Le bassin de l'Amazone abrite environ un tiers des espèces connues dans le monde, dont 40 000 espèces végétales et 3 000 espèces de poissons d'eau douce. Il abrite également plus de 400 groupes autochtones qui parlent environ 300 langues indigènes.

- Le plus grand bassin hydrographique des États-Unis est le bassin du fleuve Mississippi/Atchafalaya (MARB), qui est le troisième plus grand bassin hydrographique du monde après les bassins de l'Amazone et du Congo. Le fleuve Mississippi draine une superficie d'environ 1,2 million de miles carrés (3,2 millions de kilomètres carrés), couvrant 41 % des États-Unis contigus (y compris des parties de 31 États américains) et 15 % de l'Amérique du Nord. Le fleuve Mississippi abrite plus de 325 espèces d'oiseaux et 25 % de toutes les espèces de poissons d'Amérique du Nord. Le bassin abrite de nombreux animaux, y compris des espèces menacées comme la panthère de Floride et le faucon pèlerin. Le bassin joue un rôle de décharge en cas d'inondation, ralentissant le débit du fleuve Mississippi et protégeant les communautés des ondes de tempête.

3.18 Les forêts tropicales vitales

- La forêt amazonienne est la plus grande forêt tropicale du monde. Elle couvre 6,7 millions de kilomètres carrés, soit environ 70 % de la superficie des États-Unis continentaux et deux fois celle de l'Inde. La forêt amazonienne s'étend sur neuf pays d'Amérique du Sud, notamment le Brésil, le Pérou et la Colombie, dont 60 % se trouvent au Brésil. La forêt amazonienne abrite au moins 10 % de la biodiversité mondiale connue, dont plus de 1 800 espèces d'oiseaux et de nombreuses espèces menacées telles que les jaguars, les aigles harpies, les dauphins de la rivière rose et des milliers d'oiseaux et de papillons. L'Amazonie contribue à stabiliser le climat en éliminant chaque année 1,2 milliard de tonnes de carbone de l'atmosphère, et ses forêts et ses sols stockent environ 150 à 200 milliards de tonnes de carbone. L'épaisse canopée de l'Amazonie bloque la lumière du soleil, rendant le sol de la forêt presque noir dans de nombreuses régions. Lorsqu'il pleut, l'eau peut mettre jusqu'à 10 minutes pour atteindre le sol.

- La forêt tropicale du Congo couvre environ 3,1 millions de kilomètres carrés, ce qui en fait la deuxième plus grande forêt tropicale du monde, soit à peu près la taille de l'Inde. Elle est située dans l'ouest de l'Afrique équatoriale et s'étend sur six pays : Le Cameroun, la République centrafricaine, la République démocratique du Congo, la République du Congo, la Guinée équatoriale et le Gabon. La forêt tropicale congolaise abrite une vaste biodiversité, dont plus de 10 000 espèces végétales et 10 000 espèces animales. Elle sert d'habitat à des espèces menacées comme les gorilles, les éléphants et les buffles, et constitue une source de plantes utilisées dans la médecine traditionnelle, notamment le quinquina et le rauwolfia. La forêt tropicale congolaise est un écosystème vital, parfois appelé le "poumon de l'Afrique" et le "deuxième poumon de la Terre". Le bassin du Congo absorbe près de 1,5 milliard de tonnes de dioxyde de carbone par an, ce qui en fait le plus grand puits de carbone au monde, absorbant plus de carbone que l'Amazonie. Cependant, il est menacé par la déforestation et un demi-million d'hectares ont été perdus en 2022.

3.19 Les plus longs coups de foudre

- Le 29 avril 2020, le plus long coup de foudre jamais enregistré s'étendait du Texas au Mississippi sur une distance de 477 miles. L'éclair a été capturé par les satellites de la NOAA et certifié par l'Organisation météorologique mondiale (OMM). Il a ainsi battu le précédent record de 440,6 miles établi en 2018 au-dessus du sud du Brésil. Si les éclairs mesurent généralement 2 à 3 miles de long, certains peuvent s'étendre sur des centaines de miles. Ron Holle, spécialiste de la foudre, note que ces éclairs exceptionnellement grands et de longue durée ne sont pas des phénomènes isolés, mais se produisent lors d'orages actifs.

- Le coup de foudre le plus long a duré 17,2 secondes et s'est produit le 18 juin 2020 au-dessus de la frontière entre l'Argentine et l'Uruguay. Il a été enregistré par des équipements de détection de la foudre installés sur des satellites en orbite terrestre. Les mégafoudres sont des éclairs énormes qui peuvent durer plus de 10 secondes et parcourir des centaines de kilomètres. Ils sont associés à des systèmes convectifs à méso-échelle (MCS), qui sont des groupes d'orages pouvant couvrir plusieurs États.

3.20 Les orages les plus fréquents

- L'orage Catatumbo au Venezuela est le phénomène de foudre le plus intense au monde. Les éclairs se produisent 140 à 160 nuits par an et parfois jusqu'à 300 nuits par an, avec des éclairs de 16 à 40 fois par minute. La densité d'éclairs est la plus élevée au monde, avec 250 éclairs par kilomètre carré. Les éclairs se produisent au-dessus de l'embouchure du fleuve Catatumbo, qui se jette dans le lac Maracaibo. Elle est causée par une combinaison d'air chaud provenant de la mer des Caraïbes et d'air froid provenant de la cordillère des Andes. Le nom Catatumbo vient de la langue Bari et signifie "Maison du tonnerre". Les pêcheurs locaux peuvent être frappés par la foudre s'ils sont à bord de leur bateau. Selon les informations locales, trois ou quatre personnes meurent chaque année dans la capitale mondiale de la foudre.

- Le village de Kifuka, en République démocratique du Congo (RDC), est frappé chaque année par 158 éclairs au kilomètre carré, ce qui en fait le deuxième endroit au monde où la fréquence des éclairs est la plus élevée. Kifuka est situé dans les montagnes du Congo, à une altitude d'environ 1 700 mètres. Sa forte densité d'éclairs est due à la collision entre l'air chaud de l'Atlantique et l'air froid des montagnes, qui génère des charges statiques à l'origine des éclairs. Les éclairs sont plus intenses d'octobre à mars et moins intenses de juin à août.

3.21 Les plus grandes marées

- La baie de Fundy, au Canada, connaît les plus fortes marées du monde, avec une amplitude maximale de 52 pieds (16 mètres) et une amplitude moyenne de 38,4 pieds (11,7 mètres). Cette amplitude dépasse de loin l'amplitude moyenne de 3,3 pieds (1 mètre) observée dans le monde entier. Les marées de la baie de Fundy sont si puissantes qu'environ 100 milliards de tonnes d'eau entrent et sortent de la baie au cours d'un cycle de marée de 12 heures. C'est plus que le débit combiné de tous les fleuves du monde au cours de la même période. La forme unique de la baie et sa résonance, ou seiche, sont responsables de ses marées extrêmes. Les marées varient en fonction de la position du soleil et de la lune, ainsi que des conditions atmosphériques. La baie d'Ungava au Canada a une amplitude de marée de 32 pieds (9,8 mètres), la deuxième plus élevée au monde, et le canal de Bristol en Angleterre et au Pays de Galles a une amplitude de marée de 31,5 pieds (9,6 mètres), la troisième plus élevée.

3.22 Les plus grandes vagues

- La vague qui a déferlé sur la baie de Lituya, en Alaska, en 1958, est le plus grand tsunami enregistré au monde, atteignant une hauteur maximale de 524 mètres. Elle a été provoquée par un glissement de terrain déclenché par un tremblement de terre de magnitude 7,7 sur la faille de Fairweather, dans le sud-est de l'Alaska. L'impact de la vague a été dévastateur : les arbres ont été arrachés à une hauteur de 524 mètres et la forêt a été balayée sur une superficie de 5,2 kilomètres carrés. Ce tsunami a causé des dégâts à des altitudes plus élevées que tout autre tsunami enregistré, brisant des arbres et balayant presque toute la végétation. Cinq personnes ont été tuées. La baie de Lituya est également connue pour ses grandes marées, d'une amplitude d'environ 3 mètres, et son entrée est considérée comme dangereuse pour la navigation, en particulier lorsque les courants de marée sont présents.

3.23 Les lieux les plus dangereux

- L'île aux serpents, également connue sous le nom de Ilha da Queimada Grande, est une petite île située au large des côtes brésiliennes qui abrite des milliers de vipères péliades venimeuses. Elle est si dangereuse que seuls la marine brésilienne et les scientifiques munis d'un permis spécial sont autorisés à la visiter. Les chercheurs estiment qu'entre 2 000 et 4 000 vipères à tête dorée vivent sur l'île aux serpents, avec une densité d'environ un à cinq serpents par mètre carré. La vipère à tête dorée est l'un des serpents les plus venimeux au monde, et elle serait responsable de 90 % des décès liés aux morsures de serpent au Brésil. Son venin agit rapidement et peut provoquer une insuffisance rénale, une hémorragie interne et la mort des tissus. Les serpents ont été piégés sur l'île il y a environ 11 000 ans, lorsque l'élévation du niveau des océans l'a séparée du continent. Bien qu'incroyablement dangereux, le venin de la tête-de-lance dorée s'est révélé prometteur dans le traitement des maladies cardiaques, des problèmes circulatoires et des caillots sanguins. L'île est également la cible de contrebandiers d'espèces sauvages, connus sous le nom de biopirates, qui capturent et vendent illégalement les serpents.

- L'île Fraser, également connue sous le nom de K'gari en Australie, est considérée comme l'une des plages les plus dangereuses au monde. Elle abrite une variété d'animaux sauvages dangereux, notamment des dingos, des requins et des serpents venimeux. Les dingos peuvent être imprévisibles et dangereux s'ils sont approchés ou provoqués. Les grands requins blancs et les requins taureaux vivent dans les eaux peu profondes près du rivage. L'océan autour de l'île Fraser présente de fréquents riptides, qui peuvent être dangereux même pour les nageurs expérimentés. En outre, l'île Fraser est très isolée, et il n'y a pas de sauveteurs patrouillant sur les plages ni d'installations médicales disponibles en cas d'accident. Cependant, l'île compte plus de 40 lacs et criques où la baignade est considérée comme sûre.

- La côte la plus dangereuse. La Skeleton Coast, en Namibie, est une région isolée et inhospitalière où l'on trouve des épaves, des courants traîtres et des requins. Plus grand cimetière de navires au monde, elle abrite des milliers d'épaves, causées par un brouillard épais, des courants imprévisibles, des bancs de sable peu profonds et des vagues houleuses. La Skeleton Coast abrite également 11 espèces de requins, ce qui en fait la troisième zone la plus infestée de requins au monde. Connue pour ses conditions périlleuses, le peuple San l'a baptisée "la terre que Dieu a faite en colère". Son éloignement et son inaccessibilité ajoutent à sa dureté, la partie nord de la côte étant interdite aux visiteurs normaux.

- La plage la plus infestée de requins. Connue comme la "capitale mondiale des attaques de requins", la Floride a le taux le plus élevé d'attaques de requins dans le monde. New Smyrna Beach, dans le comté de Volusia (Floride), est la plage des États-Unis qui a subi le plus grand nombre d'attaques de requins, avec 303 attaques non provoquées depuis 1882. L'International Shark Attack File (ISAF) a recensé

259 morsures de requin non mortelles dans l'État entre 2012 et 2021. Parmi ces morsures, 32 attaques se sont produites à New Smyrna Beach. Selon une étude de Travel Lens, ce chiffre est deux fois plus élevé que sur n'importe quelle autre plage des États-Unis.

- Le désert le plus toxique. Le désert de Danakil, en Afrique de l'Est, est connu sous le nom de "Porte de l'enfer" en raison de ses émissions de gaz hautement toxiques. Le désert contient des volcans et des geysers actifs qui rejettent des gaz toxiques, notamment des quantités importantes de dioxyde de soufre, de vapeur de chlore et d'autres gaz volcaniques. Ces gaz sont très dangereux à inhaler sans protection adéquate ; les personnes qui visitent la région doivent souvent porter des masques à gaz. En fait, les gaz toxiques peuvent même être fatals aux oiseaux qui tentent de s'arrêter pour boire de l'eau. En plus des gaz toxiques, la zone connaît des températures extrêmement élevées, ce qui la rend presque insupportable pour l'homme. L'eau salée qui atteint la surface peut atteindre 100°C (212°F). Le désert s'étend sur l'Éthiopie, l'Érythrée et Djibouti, et est également parsemé de sources chaudes extrêmement acides et salines qui libèrent des vapeurs toxiques supplémentaires.

- La faille nord-anatolienne (FNA) en Turquie est considérée comme la région présentant le risque le plus élevé de tremblements de terre meurtriers. Elle s'étend sur 1 500 kilomètres, de la faille anatolienne orientale, dans l'est de la Turquie, à la mer Égée, et sépare la plaque eurasienne de la plaque anatolienne. Elle passe à moins de 20 kilomètres d'Istanbul, la ville la plus peuplée de Turquie, qui compte 12,8 millions d'habitants. La NAF a été le théâtre de certains des tremblements de terre les plus destructeurs de l'histoire, notamment le tremblement de terre d'Erzincan de magnitude 7,9 en 1939, qui a tué plus de 32 000 personnes, et le tremblement de terre de Golcuk-Kocaeli de magnitude 7,6 en 1999, qui a tué plus de 17 000 personnes. Le tremblement de terre de 2023, qui a fait plus de 55 000 morts, s'est produit sur la faille d'Anatolie orientale. Les scientifiques estiment que la région d'Istanbul-Marmara a 62 % de chances de subir un tremblement de terre d'une magnitude égale ou supérieure à 7,0.

3.24 Les plus longs sentiers de randonnée naturels

- Le sentier transcanadien est le plus long sentier polyvalent du monde, reliant les océans Atlantique, Pacifique et Arctique à travers le Canada. Le sentier s'étend sur 17 398 miles (28 000 kilomètres) d'un océan à l'autre. Elle offre un large éventail d'activités, notamment la randonnée, le cyclisme, le canotage, l'équitation, le ski de fond et la motoneige. Le sentier traverse divers paysages, notamment des zones urbaines, rurales et sauvages, et relie 15 000 communautés à travers le Canada. Utilisé chaque année par plus de 2,6 millions de personnes pour pratiquer une activité physique, le sentier contribue à la santé physique et mentale. Il faut environ 26 mois pour parcourir l'ensemble du sentier.

- La Great Western Loop (GWL) est un sentier de 11 064 kilomètres qui se distingue par sa longueur, sa diversité et ses défis. Il s'agit de la plus longue randonnée continue aux États-Unis et de la deuxième plus longue randonnée au monde. Elle comprend des déserts, des montagnes, des plaines, des itinéraires de randonnée et des itinéraires sans sentier. La GWL traverse 12 parcs nationaux et plus de 75 zones sauvages, reliant cinq sentiers longue distance existants : le Pacific Crest Trail, le Pacific Northwest Trail, le Continental Divide Trail, le Grand Enchantment Trail et l'Arizona Trail. En raison de la nature exigeante de cette randonnée, le choix du moment est crucial pour chaque tronçon. Ryan Jordan et Andrew Skurka ont créé la GWL et réalisé la première randonnée en 2007. L'exploit de Skurka lui a valu le prix National Geographic Adventurer of the Year (aventurier de l'année). Il faut compter environ un an pour parcourir l'intégralité de la GWL.

- L'American Discovery Trail (ADT) est le premier et le seul sentier non motorisé d'un océan à l'autre aux États-Unis. Il se divise en deux itinéraires dans le Midwest. L'itinéraire nord, qui passe par Chicago, couvre 7 780 km, tandis que l'itinéraire sud, qui passe par Saint-Louis, couvre 8 138 km. Au total, l'ADT aurait une longueur d'environ 6 800 miles, ce qui en ferait le troisième sentier le plus long au monde et le deuxième aux États-Unis. L'ADT est relié à de nombreux autres sentiers, notamment l'Appalachian Trail, le Pacific Crest Trail et 50 autres sentiers panoramiques et historiques nationaux. Il traverse des terrains variés, notamment des villes, des forêts, des montagnes et des déserts. L'ADT est encore en cours de développement et l'objectif ultime est de créer un sentier entièrement hors route. Il faut compter environ un an pour parcourir l'ensemble de l'ADT.

Chapter 4

Mystères et événements naturels inexpliqués

4.1 Le "Taos Hum" : Un son qui rend les gens fous

- Le Taos Hum est un son mystérieux que les habitants de Taos, au Nouveau-Mexique, ont déclaré avoir entendu depuis le début des années 1990. Les personnes qui entendent le Taos Hum le décrivent de différentes manières, notamment comme un faible grondement ou un bourdonnement semblable à celui d'un moteur diesel tournant au ralenti, un léger sifflement ou un bourdonnement semblable à celui d'une cigale, ou encore un ronronnement ou un bourdonnement. Certains décrivent également un bruit de pulsation, un bourdonnement semblable à celui d'un transformateur, un bourdonnement semblable à celui d'un avion à hélice, et un bruit de cliquetis semblable à celui d'un bateau de pêche. Certains disent que le bruit est plus fort à l'intérieur, surtout la nuit, et qu'il semble venir de nulle part. D'autres disent que le son ne change pas de ton et qu'il n'est entendu que dans un environnement calme. Le bourdonnement serait associé à des vertiges, des maux de tête, des nausées, des saignements de nez et des diarrhées.

- L'origine du bourdonnement de Taos reste inconnue. Les scientifiques ont proposé de nombreuses théories, mais aucune d'entre elles ne peut expliquer complètement le bourdonnement. Certains l'attribuent à des acouphènes ou à d'autres effets auditifs biologiques. D'autres pensent que le bourdonnement est causé par l'activité sismique ou par les essais de l'armée américaine à proximité. Une autre théorie veut que le bourdonnement provienne de sources mécaniques locales, telles que des installations industrielles. Certains pensent que le bourdonnement est une forme de maladie psychogène de masse, également connue sous le nom d'hystérie de masse. Des légendes locales attribuent le bourdonnement à des sources plus sinistres, telles que des hippies défoncés, des expériences secrètes de contrôle de l'esprit menées par le gouvernement ou des bases souterraines d'ovnis. Un groupe d'experts de l'université du Nouveau-Mexique, du laboratoire national de Los Alamos, du laboratoire de l'armée de l'air de Philips et des laboratoires nationaux de Sandia a enquêté sur le bourdonnement de Taos en 1993, mais leurs conclusions n'ont pas été concluantes.

4.2 Le Triangle des Bermudes : Disparitions mystérieuses de navires et d'avions

- Le Triangle des Bermudes est une région vaguement définie, à peu près triangulaire, située dans l'ouest de l'océan Atlantique Nord. Ses limites exactes ne font pas l'unanimité, mais on pense généralement qu'il est délimité par la côte sud-est des États-Unis, les Bermudes et les îles des Grandes Antilles. La région est connue pour la disparition mystérieuse de navires et d'avions. Parmi les avions et les navires célèbres qui ont disparu dans le triangle des Bermudes, on peut citer les suivants :

- La disparition du vol 19. Le 5 décembre 1945, cinq bombardiers torpilleurs TBM Avenger de l'US Navy, transportant 14 membres d'équipage, ont décollé de la Naval Air Station Fort Lauderdale, en Floride, pour un vol d'entraînement à destination des Bahamas. La mission du vol était de s'entraîner à bombarder un navire coulé. Après avoir effectué les passes de bombardement, les boussoles ont mal fonctionné et l'équipage a perdu ses repères. La flotte a passé les 3,5 heures suivantes à chercher la côte avant de perdre le contact. Un hydravion Martin PBM Mariner est immédiatement envoyé à la recherche du vol manquant, mais il disparaît lui aussi avec ses 13 membres d'équipage. Le rapport officiel de la marine conclut que le chef de bord, le lieutenant Charles C. Taylor, a confondu de petites îles avec les Florida Keys à la suite d'un dysfonctionnement de ses compas. La cause du dysfonctionnement de la boussole reste inconnue.

- La disparition de l'USS Cyclops. L'USS Cyclops était un navire de la Première Guerre mondiale et le plus grand de la marine à l'époque. Ce navire géant transportait 306 membres d'équipage et passagers, ainsi qu'une lourde cargaison de minerai de manganèse. Il a disparu le 3 mars 1918, alors qu'il se rendait de la

Barbade à Baltimore. Prévu pour arriver à Baltimore le 13 mars 1918, le navire n'est jamais arrivé à destination. Sa dernière position connue était la Barbade, et il a disparu sans laisser de traces, son dernier message connu indiquant "Weather Fair, All Well" (beau temps, tout va bien). Le navire n'a pas lancé de SOS avant de disparaître, n'indiquant aucune détresse apparente, et aucune autre communication n'a jamais été reçue. L'épave du Cyclope n'a jamais été retrouvée et, le 1er juin 1918, le secrétaire adjoint à la marine Franklin D. Roosevelt a déclaré que le navire était perdu et que tous les membres de l'équipage étaient décédés. Certains ont prétendu qu'un sous-marin allemand ou un raider avait coulé le navire, mais les autorités allemandes de l'époque ont nié en avoir eu connaissance. D'autres soupçonnent le Triangle des Bermudes, des défaillances structurelles dues à la lourde cargaison du navire ou une explosion inexpliquée. Le destin du Cyclope et la cause de son naufrage restent un mystère complet.

- La disparition du Witchcraft. Le 22 décembre 1967, un bateau de croisière de 23 pieds nommé *Witchcraft* a mystérieusement disparu au large des côtes de Floride. Son propriétaire, Daniel S. Burack, magnat de l'hôtellerie et navigateur chevronné, avait invité le révérend Padraig Horgan à se joindre à lui pour une courte croisière afin d'admirer les illuminations de Noël le long de la côte de Floride. Vers 21 heures, Burack a envoyé un signal de détresse, indiquant que le *Witchcraft* avait heurté quelque chose sous l'eau, mais qu'il ne risquait pas de couler dans l'immédiat. Les garde-côtes sont intervenus dans les 19 minutes qui ont suivi la dernière position signalée du bateau, près de la bouée n° 7 dans le port de Miami, mais le bateau, Burack et Horgan avaient disparu. Malgré des recherches approfondies couvrant 24 500 miles carrés, y compris des zones du triangle des Bermudes, aucune trace du bateau ou de ses passagers n'a jamais été retrouvée. *Le Witchcraft* était équipé de dispositifs de flottaison qui auraient dû l'empêcher de couler, ce qui a ajouté au mystère de sa disparition. Cet événement n'a toujours pas été élucidé des décennies plus tard. Certains théorisent que des tourbillons aspirant des objets dans d'autres dimensions, des flatulences océaniques ou des perturbations des lignes de flux géomagnétiques sont responsables de la disparition du navire, tandis que d'autres affirment que des extraterrestres ont emmené le navire dans une autre dimension de l'espace. La cause exacte de la disparition du Witchcraft reste un mystère.

- Cependant, malgré ces incidents bien connus, d'autres personnes pensent que le lien entre le Triangle des Bermudes et les disparitions mystérieuses est une légende urbaine. Des personnes naviguent dans cette zone tous les jours sans incident, et rien ne prouve que les disparitions mystérieuses y soient plus fréquentes que dans d'autres zones océaniques très fréquentées. Qu'en pensez-vous ?

4.3 La foudre en boule : Une mystérieuse lumière flottante

- La foudre en boule est un phénomène naturel rare, mystérieux et mal compris. Elle est souvent décrite comme une boule lumineuse qui flotte au-dessus du sol ou qui dérive de façon erratique, laissant parfois des traînées de fumée. La foudre dure généralement quelques secondes et est souvent accompagnée d'un sifflement et d'une odeur distincte. Elle a été signalée par des milliers de personnes, dont des paysans du Moyen Âge et le tsar Nicolas II, et a même causé des dégâts en brûlant ou en fondant. Parmi les cas célèbres de foudre en boule, on peut citer

- La mort de Georg Richmann. Georg Wilhelm Richmann, physicien allemand de la Baltique, a été tué par la foudre en boule alors qu'il menait une expérience électrique le 6 août 1753. Il tentait de mesurer la réaction d'une tige isolée à un orage proche. Pendant l'orage, une boule de foudre a sauté de la tige et a frappé le front de Richmann, le tuant instantanément. L'incident a également provoqué une explosion qui a mis hors service le graveur de Richmann, fendu le cadre de la porte et arraché la porte de ses gonds. On pense que la mort de Richmann est le premier décès enregistré dû à la foudre en boule et le premier cas connu d'une personne qui meurt en menant des expériences sur l'électricité.

- Un jour de juin 1841, à 18 heures, heure locale, Lorenzo Butti, peintre de marines pour l'impératrice d'Autriche, est alarmé par des appels terrifiés provenant de la Corsa dei Servi (rue centrale, aujourd'hui Corso Vittorio Emanuele II), dans le centre de Milan, en Italie. Il y avait un gros orage, et Butti a regardé par la fenêtre et a vu des gens courir sous la pluie, fuyant une boule de foudre jaune rougeâtre. Elle volait à la hauteur du deuxième étage, s'élevait encore plus haut, puis s'écrasait sur la croix d'un clocher d'église et explosait. Butti raconte son expérience au physicien Arago.

- Dans les années 1960, l'équipage d'un avion cargo C-133A volant entre la Californie et Hawaï a été témoin d'un éclair en boule. Elmo, une décharge électrique causée par l'électricité statique due aux mouvements de l'avion dans l'air. La foudre en boule s'est formée au-dessus de la cloison métallique centrale entre les vitres de la fenêtre du pilote et a lentement flotté vers le bas dans le cockpit. Elle a ensuite tourné à gauche vers la porte de la salle d'équipage avant de tourner à droite vers le siège du responsable du chargement. Les cinq membres d'équipage ont été témoins de l'événement et ont confirmé avoir vu la même chose. Le mécanicien et le responsable du chargement ont fouillé l'avion mais n'ont constaté aucun dommage. Le vol s'est déroulé dans une couche de nuages ressemblant à du brouillard, sans turbulences. Aucun éclair n'a été vu à l'extérieur de l'avion, et le radar ne montrait pas de nuages.

- Les scientifiques n'ont pas encore réussi à recréer la foudre en boule en laboratoire. Parmi les théories les plus répandues, on peut citer l'hypothèse du silicium, selon laquelle lorsque la foudre frappe un sol riche en silicium, une réaction chimique se produit et crée une boule incandescente. D'autre part, la théorie Maser-Soliton suppose que la foudre en plein air est causée par un maser atmosphérique, un phénomène similaire à un laser mais fonctionnant à un niveau d'énergie beaucoup plus faible. La cause exacte de la foudre reste un mystère.

4.4 L'événement de la Toungouska : Le plus grand impact enregistré dans l'histoire

- Le 30 juin 1908, une explosion massive s'est produite en Sibérie, en Russie. L'explosion a été estimée à l'équivalent de 10 à 40 mégatonnes de TNT, soit des milliers de fois plus puissante que la bombe atomique d'Hiroshima. L'explosion s'est produite dans la taïga de Sibérie orientale, près de la rivière Podkamennaya Tunguska, et a écrasé environ 80 millions d'arbres sur plus de 2 150 kilomètres carrés de forêt. Elle a généré une puissante onde de choc entendue jusqu'à 620 miles (1 000 kilomètres) de distance et a enregistré des ondes sismiques jusqu'en Angleterre. En outre, l'explosion a créé une vive lueur qui a éclairé le ciel de la Sibérie et de certaines parties de l'Europe. Des témoins oculaires ont déclaré avoir vu une lumière aveuglante, entendu un bruit de tonnerre et ressenti une chaleur intense qui leur a brûlé la peau. Les seuls vestiges de l'objet brisé sont quelques fragments minuscules, mesurant chacun moins d'un millimètre de diamètre. La cause de l'explosion reste inconnue et il existe peu de preuves de son origine. La théorie la plus répandue fait état d'un astéroïde ou d'une comète, mais aucun cratère ou vestige de météorite n'a été découvert. Les scientifiques pensent que l'objet a explosé à une altitude de 5 à 10 kilomètres dans l'atmosphère, provoquant une explosion.

- Le 15 février 2013, un météore a explosé au-dessus de Chelyabinsk, en Russie, offrant aux chercheurs de nouvelles perspectives sur l'événement de Tunguska de 1908. À l'aide de modèles informatiques modernes, de séquences vidéo et de cartes des dégâts, les scientifiques ont déterminé que le météore de Chelyabinsk était un astéroïde pierreux de la taille d'un immeuble de cinq étages. Il s'est brisé à 24 kilomètres au-dessus du sol, générant une onde de choc équivalente à une explosion de 550 kilotonnes. Cette explosion a brisé un million de fenêtres et blessé plus d'un millier de personnes, mais elle n'a pas été assez puissante pour renverser des arbres ou des bâtiments. Les scientifiques estiment que des impacts de ce type se produisent environ tous les 10 à 100 ans. L'événement de Chelyabinsk nous aide à comprendre ce qui a pu se passer le jour de l'explosion de Tunguska.

4,5 Les lumières de Hessdalen : Les lumières les plus mystérieuses de la planète

- Les lumières de Hessdalen sont un phénomène signalé dans la vallée de Hessdalen depuis au moins les années 1930. Les lumières peuvent apparaître dans différentes couleurs, dont le blanc, le jaune et le rouge. Elles peuvent apparaître à la fois au-dessus et au-dessous de l'horizon, et peuvent flotter à travers et au-dessus de la vallée. Les lumières peuvent apparaître pendant quelques secondes ou plus d'une heure, et se déplacer à des vitesses variables, allant d'une extrême rapidité à un lent mouvement de balancier. Elles peuvent également planer dans l'air. L'activité a été particulièrement intense entre 1981 et 1984, avec des observations 15 à 20 fois par semaine. Depuis, le nombre d'observations a diminué. Plusieurs projets ont été lancés pour étudier ces lumières, notamment le "Projet Hessdalen" et le "Projet Triangle". La station de mesure automatique de Hessdalen (Hessdalen AMS) a été créée en 1998 pour enregistrer les lumières.

- Malgré les recherches des scientifiques, l'origine de ces mystérieuses lumières reste inconnue. Une étude récente suggère que le phénomène pourrait être attribué à la combustion de poussières en suspension dans l'air provenant des activités minières de la région, Hessdalen possédant d'importants gisements de scandium. L'analyse a permis d'identifier de l'hydrogène, de l'oxygène et d'autres éléments, dont le titane, dans les lumières. Toutefois, le mécanisme exact à l'origine de ce phénomène reste incomplètement compris.

4.6 Disparition du lac Anjikuni : La disparition non élucidée d'un village inuit

- Par une froide journée de novembre 1930, le trappeur Joe Labelle arrive dans un village inuit près du lac Anjikuni, au Manitoba (Canada), s'attendant à être accueilli chaleureusement en tant que visiteur habituel. Cependant, il trouve le village désert, avec des tentes encore debout, de la nourriture cuisant sur des feux, et des objets personnels comme des vêtements inachevés laissés sur place, ce qui suggère un départ précipité. Pour ajouter au mystère, une tombe fraîchement creusée semblait dérangée et plusieurs chiens de traîneau ont été retrouvés morts. Malgré les recherches menées par la police montée du Nord-Ouest, aucun corps ni aucune preuve de l'endroit où se trouvaient les villageois n'ont été découverts. De plus, malgré cette disparition soudaine, l'équipe de recherche n'a trouvé aucun signe de lutte ou de violence dans le village. Cependant, des membres de la Gendarmerie royale du Canada (GRC) ont déclaré avoir vu des lumières pulsantes dans le ciel au-dessus du lac Anjikuni pendant leurs recherches, ce qui a conduit les amateurs d'OVNI à penser que les villageois avaient peut-être été enlevés par des extraterrestres. L'histoire a été largement médiatisée après que le journaliste Emmett E. Kelleher l'a rapportée dans le journal Danville Bee, et elle a ensuite été reprise dans des livres tels que "Stranger than Science" de Frank Edwards. Certaines personnes ont accusé Kelleher d'avoir embelli les détails et, faute de preuves, la GRC a classé l'affaire en 1931.

4.7 Le Mary Celeste : Le bateau fantôme

- Le Mary Celeste était un navire construit au Canada et immatriculé aux États-Unis, découvert abandonné dans l'océan Atlantique en 1872. Le sort des dix membres d'équipage qui ont disparu reste l'un des mystères maritimes les plus tenaces. Construit au Canada en 1861 et baptisé à l'origine l'Amazon, le Mary Celeste a ensuite été vendu à un Américain et a subi plusieurs modifications structurelles. Le 7 novembre 1872, le Mary Celeste quitte New York à destination de Gênes, en Italie, avec à son bord 1 701 barils d'alcool. Le capitaine Benjamin Briggs, sa femme Sarah et leur fille Sophia, âgée de deux ans, sont à bord, mais leur fils Arthur, âgé de sept ans, reste à New York. Le 4 décembre 1872, le brigantin canadien Dei Gratia trouve le Mary Celeste à la dérive dans l'océan Atlantique. Le navire n'est pas endommagé, il est en état de naviguer et il est encore partiellement sous voiles. Sa cargaison de 1 701 barils d'alcool dénaturé est intacte, mais l'équipage et son canot de sauvetage ont disparu. Le journal de bord avait été rempli pour la dernière fois 10 jours avant la découverte et le navire était toujours bien approvisionné. Les théories sur la disparition de l'équipage incluent la poussière de charbon et les débris de construction qui ont obstrué les pompes du navire, ou l'abandon du navire par le capitaine Briggs en raison de l'incertitude quant à sa navigabilité. D'autres théories font état d'une fausse alerte entraînant une évacuation inutile, d'une explosion causée par des vapeurs d'alcool, d'une trombe d'eau emportant l'équipage par-dessus bord, ou encore d'une attaque de pirates. Bien que les recherches scientifiques privilégient la théorie de l'explosion, qui aurait contraint l'équipage à abandonner le navire, le mystère du Mary Celeste ne sera probablement jamais entièrement résolu.

Lumières du tremblement de terre de 4,8 : Lumières mystérieuses accompagnant les secousses

- Les lumières sismiques, également appelées éclairs sismiques ou flashs sismiques, sont des phénomènes optiques lumineux qui peuvent apparaître dans le ciel avant, pendant ou à proximité d'un tremblement de terre. Elles peuvent également accompagner des éruptions volcaniques ou des tensions tectoniques. Les lumières sismiques apparaissent peu avant ou pendant un événement sismique, jusqu'à 600 kilomètres de l'épicentre du tremblement de terre, et sur ou près des vallées du rift. Elles peuvent se manifester sous la forme de boules de lumière, d'éclairs en nappe, de serpentins, de lueurs continues ou de flammes bleutées. Elles peuvent également ressembler à des éclairs lumineux émanant du sol et s'étendant jusqu'à 200 mètres. Les lumières sismiques sont généralement de couleur blanche à bleutée, mais peuvent couvrir une gamme de couleurs plus large. Elles peuvent durer d'une fraction de seconde à des dizaines de minutes. Elles sont plus fréquentes en Italie, en Grèce, en France, en Allemagne, en Chine et dans certaines régions d'Amérique du Sud. Voici quelques exemples de tremblements de terre majeurs accompagnés de lumières sismiques :

- Le 15 août 2007, des éclairs lumineux ont illuminé le ciel avant le tremblement de terre de Pisco, au Pérou, d'une magnitude de 8,0. Les caméras de sécurité et les enregistrements sismiques ont permis de déterminer avec précision le moment et l'emplacement des éclats de lumière. Le 6 avril 2009, des flammes lumineuses de 10 cm ont scintillé au-dessus d'une rue en pierre avant le tremblement de terre de L'Aquila (Italie), d'une magnitude de 6,3. Le 7 septembre 2021, des lumières bleues, ressemblant à des éclairs céruléens, ont illuminé le ciel nocturne lors du tremblement de terre de magnitude 7,0 à Acapulco, au Mexique. Le 6 février 2023, de multiples lumières sont apparues en continu lors du tremblement de terre de magnitude 7,8 en Turquie et en Syrie. Lors du tremblement de terre de Marrakech-Safi au Maroc, d'une magnitude de 6,9, des éclairs bleus ont été observés pendant toute la durée de la secousse.

- Certains pensent que les lumières des tremblements de terre sont causées par le stress tectonique qui brise les atomes d'oxygène dans les roches, lesquels s'écoulent ensuite vers la surface et ionisent les poches d'air, formant ainsi un gaz chargé. Cependant, il n'existe pas de consensus général sur la cause des lumières sismiques. Certains scientifiques doutent de la validité des rapports, tandis que d'autres pensent qu'au moins certains rapports correspondent de manière plausible à des lumières de tremblement de terre. Certains rapports ont même été liés à des arcs électriques provoqués par des lignes électriques qui tremblent.

4.9 Les forêts inexpliquées

- La forêt tordue de Pologne est un bosquet de 400 pins situé dans le village de Nowe Czarnowo, près de la ville de Gryfino en Poméranie occidentale, en Pologne. Les arbres sont courbés à un angle de 90 degrés à leur base, formant un J, avant de se recourber pour pousser tout droit vers le haut. Malgré leurs courbes inhabituelles, les arbres sont pour la plupart en bonne santé et peuvent atteindre 15 mètres de haut. Les arbres sont un monument naturel protégé et une attraction touristique populaire. Il existe de nombreuses théories sur la façon dont les arbres ont acquis leur forme unique. Certains pensent que les forestiers ont intentionnellement plié les arbres pour créer du bois courbé destiné à la fabrication de meubles ou de bateaux. D'autres pensent que la neige abondante ou l'attraction gravitationnelle ont pu peser sur les arbres au cours de leur croissance. Certaines théories suggèrent même que la croissance des arbres pourrait être le résultat d'une mutation génétique ou d'un atterrissage d'OVNI. Malgré de nombreuses hypothèses, le mystère de la Crooked Forest n'a jamais été définitivement résolu.

- La forêt dansante de Russie est une forêt de pins située dans l'oblast de Kaliningrad, en Russie, sur la dune Kruglaya de l'isthme de Courlande, entre la mer Baltique et la lagune de Courlande. Elle est connue pour ses arbres exceptionnellement tordus, qui prennent des formes d'anneaux, de cœurs et de spirales. La cause exacte de la déformation des arbres est inconnue, mais l'activité des chenilles, les champs géomagnétiques de la région et les manipulations humaines sont autant d'explications possibles. La légende locale prétend que les arbres ont été amenés à danser pour prouver la puissance du Dieu chrétien. La forêt dansante est devenue une source d'espoir populaire, certains croyant qu'en grimpant dans l'un des anneaux, on peut ajouter une année à la vie d'une personne ou exaucer un vœu.

Chapter 5

L'univers fascinant

5.1 Les merveilles de la gravité

- La gravité est une force fondamentale qui façonne l'univers. C'est la principale force qui détermine la forme des objets dans l'univers, en rassemblant la matière pour former des sphères. C'est pourquoi les planètes, les étoiles et les autres grands objets sont ronds.

- La gravité est la plus faible des quatre forces fondamentales (gravité, électromagnétisme, force nucléaire forte et force nucléaire faible) présentes dans l'univers. Par exemple, un petit aimant peut surmonter l'attraction gravitationnelle de la Terre entière pour soulever un trombone. Cependant, la gravité a une portée infinie et joue un rôle crucial dans la formation de la structure de l'univers.

- Alors que la masse, propriété fondamentale de la matière, reste constante quel que soit le lieu ou la gravité, le poids peut varier en fonction des forces gravitationnelles. Par exemple, une masse d'étalonnage de 100 kilogrammes aurait la même masse sur Terre et sur Mars, mais son poids serait de 100 kilogrammes sur Terre et de seulement 37,7 kilogrammes sur Mars.

- Selon la théorie de la relativité générale d'Einstein, la gravité se déplace à la vitesse de la lumière, qui est d'environ 299 792 kilomètres par seconde. Si le Soleil disparaissait soudainement, il faudrait 8 minutes à la Terre pour ressentir la perte de son attraction gravitationnelle, soit le même temps que celui nécessaire à la lumière du Soleil pour nous atteindre.

- Les ondes gravitationnelles sont des ondulations de l'espace-temps provoquées par certains des événements les plus énergétiques et les plus violents de l'univers, tels que la collision de trous noirs ou d'étoiles à neutrons, ou encore les supernovae (étoiles massives qui explosent à la fin de leur vie). Invisibles à l'œil nu, les ondes gravitationnelles, comme la gravité elle-même, se déplacent à la vitesse de la lumière (186 282 miles par seconde, soit 299 792 kilomètres par seconde), comprimant et étirant tout ce qui se trouve sur leur chemin au fur et à mesure qu'elles se propagent. Ils peuvent traverser la matière sans être dispersés ou obstrués, transportant ainsi des informations précieuses sur les objets et les événements qui les ont créés. Les scientifiques peuvent utiliser les ondes gravitationnelles pour étudier les origines de l'univers.

5.2 La nature fascinante du temps : est-ce une illusion ?

- Bien que le temps semble linéaire, nous pouvons en fait voir la lumière du passé, car la lumière met du temps à voyager jusqu'à la Terre. Plus un objet est éloigné, plus sa lumière met de temps à nous parvenir, ce qui signifie qu'elle est plus ancienne à son arrivée. Par exemple, le fond diffus cosmologique, la lumière la plus lointaine que nous puissions voir, est le rayonnement résiduel du Big Bang, qui s'est produit il y a environ 13,8 milliards d'années. Nous voyons le Soleil tel qu'il était il y a environ 8 minutes, car c'est le temps qu'il faut à la lumière solaire pour atteindre la Terre. De même, nous voyons Jupiter tel qu'il était il y a environ 48 minutes, et Véga tel qu'il était il y a 25 ans. Les étoiles situées à moins de 4 000 années-lumière de nous apparaissent telles qu'elles étaient il y a 4 000 ans. Il est même possible que certaines étoiles que nous voyons ce soir n'existent plus, car leur lumière a mis des années à nous parvenir.

- Un observateur en mouvement vit le temps plus lentement qu'un observateur immobile. Par exemple, les astronautes de la Station spatiale internationale (ISS), qui se déplace à une vitesse d'environ 28 000 km/h, vieillissent 0,007 seconde plus lentement que les Terriens pour chaque période de 30 minutes qu'ils passent dans l'espace. Alors, si vous voulez rester jeune plus longtemps, pensez aux voyages interstellaires !

- Si nous voyagions à la vitesse de la lumière vers une étoile située à 10 années-lumière, le temps semblerait se figer. En d'autres termes, le voyage nous semblerait presque instantané, mais 10 ans se seraient écoulés sur Terre. Cependant, à mesure que nous nous approchons de la vitesse de la lumière, notre masse augmente considérablement et finit par s'approcher de l'infini. L'énergie nécessaire pour nous propulser devenant elle aussi infinie, nous ne pourrons jamais vraiment atteindre la vitesse de la lumière.

- En 2000, Ronald Mallett, ancien professeur de physique à l'université du Connecticut, a proposé qu'un laser annulaire puisse courber suffisamment l'espace-temps pour permettre de voyager dans le temps. Un laser annulaire, créé en générant un faisceau de lumière rotatif continu, pourrait théoriquement produire un champ gravitationnel similaire à celui d'un trou noir grâce à sa lumière concentrée et rotative. Ce champ pourrait, en théorie, créer des boucles temporelles ou des "courbes temporelles fermées", permettant de voyager dans le temps. Mallett a commencé à tester cette idée en 2019, mais n'a pas encore prouvé son hypothèse.

5.3 Les mystérieux trous noirs

- Les trous noirs sont des régions de l'espace où la gravité est si forte qu'elle déforme l'espace-temps, empêchant même la lumière de s'échapper. Ces objets incroyablement denses concentrent une masse énorme dans un volume minuscule. Les trous noirs se forment souvent lorsque des étoiles massives s'effondrent à la fin de leur cycle de vie.

- La taille des trous noirs varie de la taille d'un atome à des millions de fois la masse du soleil. Il existe au moins trois types de trous noirs : 1) Les trous noirs primordiaux, dont on pense qu'ils se sont formés dans les premiers instants qui ont suivi le Big Bang. Ils peuvent être aussi petits qu'un atome mais avoir la masse d'une grande montagne. 2) Les trous noirs stellaires. Ils sont issus de l'effondrement d'étoiles massives, dont la masse peut atteindre 20 fois celle du soleil. 3) Les trous noirs supermassifs. Ce sont les plus grands, avec des millions ou des milliards de fois la masse du soleil. Ils se trouvent au centre de la plupart des grandes galaxies, dont notre Voie lactée, qui abrite un trou noir supermassif, Sagittarius A*, d'une masse d'environ 4,3 millions de soleils. Le plus grand trou noir connu dans l'univers est TON 618, qui pèse environ 40 milliards de fois la masse de notre soleil et se trouve à 10 milliards d'années-lumière de la Terre.

- La taille de l'horizon des événements d'un trou noir, également appelée rayon de Schwarzschild, est directement proportionnelle à sa masse. Si la Terre était comprimée dans un trou noir, son horizon des événements aurait à peu près la taille d'une bille (0,2 à 0,8 pouce, ou 0,5 à 2 centimètres de diamètre).

- Les trous noirs peuvent fusionner pour former un seul trou noir plus grand. Ce processus est extrêmement violent et libère une énorme quantité d'énergie. La collision crée des ondulations dans le tissu de l'espace-temps, connues sous le nom d'ondes gravitationnelles. En 2015, des scientifiques ont observé pour la première fois la fusion de trous noirs binaires de masse stellaire à l'aide du détecteur LIGO. Cette fusion a produit un trou noir d'une masse environ 62 fois supérieure à celle du soleil.

- Si vous tombiez dans un trou noir, vous subiriez une "spaghettification", c'est-à-dire que votre corps serait étiré en un long et fin fil sous l'effet de l'immense attraction gravitationnelle. La partie de votre corps la plus proche du trou noir subirait une force nettement plus forte que la partie la plus éloignée, ce qui vous mettrait en pièces avant même d'atteindre l'horizon des événements (le point de non-retour). De plus, en raison de la dilatation gravitationnelle du temps, à mesure que vous vous rapprochez du trou noir, le temps semble ralentir pour vous par rapport à un observateur extérieur. Pour un observateur qui vous regarderait tomber dans le trou noir, vous apparaitriez de plus en plus décalé vers le rouge et de moins en moins lumineux au fur et à mesure que vous vous rapprochez de l'horizon des événements, pour finalement disparaître de sa vue.

- Les scientifiques estiment qu'il y a environ 100 millions de trous noirs dans la Voie lactée, mais seules quelques dizaines ont été identifiées. Cet écart s'explique par le fait que les trous noirs sont intrinsèquement difficiles à détecter, car ils n'émettent pas de lumière. Les astronomes peuvent toutefois les détecter en observant la déviation de la lumière des étoiles lorsqu'elles passent à proximité du champ gravitationnel d'un trou noir. Le trou noir connu le plus proche de la Terre est Gaia BH1, situé à 1 560 années-lumière.

5.4 Matière noire et énergie noire : L'univers est en grande partie obscur pour nous

- La matière noire est invisible parce qu'elle n'interagit pas avec la lumière ou d'autres formes de rayonnement électromagnétique. Cela signifie qu'elle n'absorbe pas, ne réfléchit pas et n'émet pas de lumière, ce qui la rend indétectable (donc "sombre") pour nous. Cependant, la matière noire possède des forces gravitationnelles et sa gravité affecte le mouvement des galaxies et des étoiles ; c'est ainsi que nous savons qu'elle existe.

- La matière noire représente plus de 80 % de la masse totale de l'univers. Bien qu'invisible, la matière noire agit comme une colle, jouant un rôle clé dans la formation et la distribution des galaxies. Sans la matière noire, les galaxies voleraient en éclats en raison de la vitesse à laquelle elles se déplacent.

- La matière noire, contrairement à la matière ordinaire telle que les étoiles et les planètes, n'est pas composée d'atomes. Les scientifiques supposent que la matière noire est constituée de particules subatomiques qui n'ont pas encore été découvertes, bien que sa composition exacte reste un mystère.

- L'énergie noire est une force mystérieuse qui stimule l'expansion accélérée de l'univers, en éloignant les galaxies et en alimentant cette expansion. Elle est parfois appelée "anti-gravité" car elle s'oppose à la force de gravité qui rapproche les galaxies.

- L'énergie noire constitue environ 68 % du contenu énergétique total de l'univers. Elle est uniformément répartie dans l'univers, à la fois dans l'espace et dans le temps. Cette répartition uniforme signifie qu'elle affecte l'univers dans son ensemble.

- Bien que l'énergie noire et la matière noire soient toutes deux invisibles, elles ont des effets différents sur l'univers. La matière noire rapproche les galaxies, tandis que l'énergie noire les éloigne.

- Ensemble, l'énergie noire et la matière noire constituent la majeure partie de l'univers, soit environ 95 %. La matière "normale" qui compose les étoiles, les galaxies et les planètes ne représente qu'environ 5 % de l'univers. Pour nous, l'univers est en grande partie obscur !

5.5 Le fascinant ciel nocturne : Un regard plus attentif

- Il y a environ 9 000 étoiles visibles dans le ciel nocturne. Par une nuit sans lune et avec une pollution lumineuse minimale provenant des villes, l'œil nu peut en voir entre 5 000 et 6 000. Ces étoiles ne sont généralement pas éloignées de plus de 10 000 années-lumière (une année-lumière est la distance parcourue par la lumière en un an, soit 5,879 billions de kilomètres), et la plupart d'entre elles sont encore en vie lorsque leur lumière atteint la Terre. À titre de comparaison, notre galaxie de la Voie lactée compte environ 100 milliards d'étoiles, et les astronomes estiment qu'il y a environ 200 milliards de milliards d'étoiles dans l'univers observable !

- Avec un petit télescope capable de détecter des étoiles plus faibles (par exemple, des étoiles de magnitude 10 ; plus le chiffre est élevé, plus l'étoile est faible, et les yeux humains peuvent voir jusqu'à la magnitude 6), nous pouvons voir plus de 140 000 étoiles dans le ciel nocturne. Certaines de ces étoiles sont si éloignées de la Terre qu'elles sont peut-être déjà mortes au moment où leur lumière nous parvient.

- Les étoiles sont des boules géantes de gaz chaud, principalement de l'hydrogène, avec un peu d'hélium et de petites quantités d'autres éléments. La couleur d'une étoile indique sa température de surface, les étoiles bleues étant les plus chaudes. À mesure que la température d'une étoile augmente, sa couleur passe du rouge à l'orange, puis au jaune, au blanc et enfin au bleu. Les étoiles rouges sont les plus froides, avec des températures d'environ 3 800 °C. Les étoiles oranges ont des températures d'environ 4 000 °C. Les étoiles orange ont une température d'environ 4 500 °C. Notre Soleil est une étoile jaune, dont la température de surface est d'environ 6 000 °C. Les étoiles bleues ont une température de surface supérieure à 10 000 °C. Les étoiles bleues ont des températures de surface supérieures à 10 000 °C, et les étoiles bleues les plus chaudes, appelées supergéantes bleues, peuvent atteindre des températures de plus de 40 000 °C.

- Les étoiles bleues sont également les plus grandes et les plus massives de la galaxie, ce qui les rend visibles dans le ciel, même lorsqu'elles sont très éloignées. L'une des supergéantes bleues les plus connues dans le ciel nocturne est Rigel, l'étoile la plus brillante de la constellation d'Orion (le "chasseur"). La température de surface de Rigel est d'environ 11 600 °C, ce qui est beaucoup plus chaud que le Soleil. Les scientifiques estiment que Rigel a une luminosité incroyable de 120 000 fois celle de notre Soleil, mais en raison de sa distance (863 années-lumière), elle n'est que la septième étoile la plus brillante du ciel nocturne.

- La géante rouge la plus brillante du ciel nocturne, Arcturus, est située dans la constellation des Boötes (le "gardien de troupeau") et se trouve à environ 37 années-lumière de la Terre. Quatrième étoile la plus brillante du ciel nocturne, Arcturus tire son nom (qui signifie "gardien de l'ours") de sa position près de la constellation Ursa Major (la "grande ourse"). Bien que sa masse ne soit que 1,5 fois celle du soleil, Arcturus brille 113 fois plus et dégage 215 fois plus de chaleur en raison de son immensité. On estime qu'Arcturus est âgée de 7 milliards d'années et qu'elle approche de la fin de sa vie stellaire. Une fois son combustible nucléaire épuisé, elle se transformera en naine blanche, une petite étoile incroyablement dense.

- Sirius est l'étoile la plus brillante du ciel nocturne et est visible depuis les hémisphères nord et sud. Située dans la constellation Canis Major (le "grand chien"),

Sirius est également connue sous le nom d'étoile du chien ou Sirius A. Elle se trouve à environ 8,6 années-lumière de la Terre et a une magnitude apparente de -1,46. Son nom, dérivé du grec, signifie "brillant". Sirius est plus visible pendant les mois d'hiver dans l'hémisphère nord. Seules quelques planètes, la pleine lune et la Station spatiale internationale dépassent Sirius lorsqu'elles se trouvent au-dessus de l'horizon. Vous pouvez trouver Sirius en suivant la ligne des étoiles de la ceinture d'Orion (le "chasseur") vers le bas, en direction du sud-est.

- La deuxième étoile la plus brillante du ciel nocturne est Canopus. Elle a une magnitude visuelle de -0,74 et se trouve à 310 années-lumière de la Terre. Située dans la constellation australe de la Carène (la "quille du navire"), Canopus est principalement visible dans l'hémisphère sud. Sa visibilité est limitée par la latitude, et les personnes vivant à 37 degrés de latitude nord ou plus, comme la plupart des États-Unis, de l'Europe et du Canada, ne peuvent pas voir Canopus parce qu'elle reste sous l'horizon. Dans la mythologie grecque, Canopus était le pilote du navire du roi Ménélas de Sparte pendant la guerre de Troie, tandis que dans la culture chinoise, Canopus est associé à la longévité.

5.6 Les visiteurs célestes : Comètes spectaculaires et pluies de météores

Comètes

- Les comètes sont des corps célestes constitués de glace, de gaz et de poussière et dotés d'une longue queue. Elles sont des vestiges de la formation de notre système solaire, il y a environ 4,6 milliards d'années, et sont parfois appelées "boules de neige sale". Les comètes pourraient avoir apporté de l'eau et des composés organiques sur la Terre primitive et dans d'autres parties du système solaire, qui pourraient être les éléments constitutifs de la vie.

- D'après les estimations de la NASA pour 2023, notre système solaire compte environ 3 743 comètes connues. Cependant, les astronomes pensent qu'il y a des milliards d'autres comètes en orbite autour du soleil dans la ceinture de Kuiper et le nuage d'Oort, qui sont situés au-delà de Neptune et de Pluton. Halley est la comète la plus connue, avec un cycle régulier de 76 ans autour du Soleil. Elle a été vue pour la dernière fois dans le ciel de la Terre en 1986 et reviendra en 2061. Voici les comètes spectaculaires qui seront visibles en 2024 et 2025.

- L'une des comètes les plus étonnantes visibles de la Terre en 2024 est C/2023 A3 (Tsuchinshan-ATLAS). Cette comète a atteint son périhélie (le point le plus proche du Soleil) le 27 septembre 2024, avec une luminosité de 2,9. Le 12 octobre 2024, elle sera à son point le plus proche de la Terre et brillera à une magnitude impressionnante de -4, ce qui la rendra comparable à l'éclat de Vénus ! La comète sera d'abord visible dans le ciel matinal de l'hémisphère sud, aux jumelles ou à l'œil nu. Elle deviendra un spectacle fascinant dans l'hémisphère nord après le 14 octobre 2024. Le meilleur moment pour l'observer sera peu après le coucher du soleil, lorsque la comète pourra être vue dans le ciel occidental jusqu'aux alentours du 24 octobre 2024.

- Une autre comète brillante attendue en 2024 est A11bP7I, ou C/2024 S1 (ATLAS). Cette comète atteindra son périhélie le 28 octobre 2024 et pourrait devenir plus brillante que Vénus, voire visible pendant la journée. Elle appartient au groupe des comètes sungrazers de Kreutz, un groupe de comètes qui passent extrêmement près du Soleil. C'est dans l'hémisphère sud que l'on pourra la voir le mieux, dans le ciel du soir. Si A11bP7I survit à sa rencontre rapprochée avec le Soleil, elle sera visible plus tard dans les latitudes moyennes du Nord pendant la matinée, offrant ainsi une autre chance d'observation.

- Plus tard dans l'année, la comète périodique 333P/LINEAR de la famille de Jupiter atteindra son périhélie le 29 novembre 2024. D'une luminosité de 9,8, cette comète sera observable avec de grandes jumelles ou un petit télescope (nos yeux nus ne peuvent voir que jusqu'à la magnitude 6 et ne la verront pas). Le 9 décembre 2024, elle s'approchera au plus près de la Terre et s'éclaircira légèrement. Cette comète sera visible dans les deux hémisphères, offrant aux astronomes amateurs une bonne occasion de l'apercevoir.

- Le 13 janvier 2025, la comète C/2024 G3 (ATLAS) atteindra son périhélie avec une luminosité potentielle de magnitude -2,0. À son approche la plus proche de la Terre, elle pourrait atteindre la magnitude -1,8, ce qui la rendrait visible à l'œil nu même en plein jour. Cependant, le destin de la comète reste incertain, car elle pourrait ne pas survivre à son voyage autour du Soleil. Si elle survit, elle sera visible dans l'hémisphère nord avant le périhélie et dans l'hémisphère sud après. Sa proximité avec le Soleil dans le ciel à ces moments-là la rendra difficile à observer.

Les pluies de météores

- Les pluies de météores se produisent lorsque la Terre traverse les débris laissés par les comètes et les astéroïdes. Lorsque ces débris brûlent dans l'atmosphère terrestre, ils créent des traînées lumineuses éblouissantes dans le ciel. Chaque année, il y a plus de 100 pluies de météores, et environ 30 d'entre elles sont visibles depuis la Terre. Certaines sont brèves et ne durent que quelques années, tandis que d'autres se produisent tous les ans. Les pluies de météores les plus extraordinaires, appelées tempêtes de météores, n'apparaissent dans notre ciel qu'une ou deux fois dans une vie. Voici quelques-unes des pluies de météores les plus spectaculaires.

- Les Orionides, une pluie de météores rayonnant depuis la constellation d'Orion (le "Chasseur"), sont considérées comme "l'une des plus belles pluies de l'année" par la NASA. Elles proviennent des débris de la comète de Halley et atteignent généralement leur apogée à la fin du mois d'octobre. En 2024, les Orionides atteindront leur apogée dans la nuit du 20 au 21 octobre, le meilleur moment pour les observer étant après minuit. Si le ciel est sombre, il faut s'attendre à voir en moyenne 20 météores par heure, avec la possibilité d'en voir jusqu'à 50-75 pendant le pic d'activité.

- Les Perséides, une pluie de météores rayonnant depuis la constellation de Persée (le "Héros"), sont causées par le passage de la Terre à travers les débris laissés par la comète Swift-Tuttle, connus sous le nom de nuage des Perséides. Observées pour la première fois il y a environ 2 000 ans, les Perséides sont visibles à la mi-août et atteignent leur apogée entre le 8 et le 14 août. Le meilleur moment pour les observer est tôt le matin, lorsque la lumière de la lune est moins gênante. Les Perséides sont l'une des pluies les plus abondantes, et les observateurs peuvent s'attendre à voir entre 50 et 100 météores par heure pendant le pic d'activité.

- Les Géminides, une pluie de météores rayonnant depuis la constellation des Gémeaux (les "jumeaux"), sont l'une des pluies de météores annuelles les plus fiables et les plus spectaculaires. Elles sont visibles chaque année entre le 19 novembre et le 16 décembre, avec un pic à la mi-décembre, généralement autour des 13 et 14 décembre. Observées pour la première fois au milieu des années 1800, les premières Géminides ne produisaient que 10 à 20 météores par heure. Au fil du temps, ce nombre est passé à 120 météores par heure dans des conditions idéales, ce qui fait des Géminides une pluie météorique majeure. Contrairement à la plupart des pluies de météores qui proviennent de comètes, les Géminides proviennent d'un astéroïde nommé 3200 Phaethon. Ses météoroïdes sont plus denses que la poussière typique d'une comète, ce qui rend les météores des Géminides particulièrement brillants, rapides et d'un jaune distinct. Le meilleur moment pour observer les Géminides est la nuit et l'aube à la mi-décembre. La pluie est visible dans le monde entier, avec un pic de visibilité vers 21 ou 22 heures. Pour obtenir la meilleure vue, trouvez un endroit éloigné des lumières de la ville et donnez à vos yeux environ 30 minutes pour s'adapter à l'obscurité.

- Les Léonides, une pluie de météores rayonnant à partir de la constellation du Lion, sont une pluie météorique annuelle, bien qu'elles produisent généralement un nombre plus modeste de 15 météores par heure. Les Léonides proviennent de la comète 55P/Tempel-Tuttle, qui met 33 ans à tourner autour du Soleil. Cette pluie de météores sera active entre le 3 novembre et le 2 décembre 2024, avec un pic le 16 novembre. Les Léonides sont connues pour leurs météores brillants, colorés et rapides, qui se déplacent à une vitesse étonnante de 44 miles (71 kilomètres) par seconde ! Tous les 33 ans, les Léonides peuvent produire une spectaculaire tempête de météores, avec jusqu'à des milliers de météores par heure. La tempête la plus célèbre a eu lieu en 1966, lorsque des milliers de météores par minute ont été observés, et la dernière tempête a eu lieu en 2002. Les Léonides sont également connues pour produire des boules de feu - des explosions de lumière et de couleur causées par de plus grosses particules de matière cométaire - et des météores attrape-terres, qui frôlent l'horizon en laissant de longues traînées colorées. Le meilleur moment pour observer les Léonides est après minuit, depuis un endroit sombre. Veillez à détourner votre regard de la constellation du Lion pour profiter de météores plus longs et plus spectaculaires.

- Les Quadrantides, une pluie de météores rayonnant depuis l'ancienne constellation Quadrans Muralis (le "quadrant mural"), qui fait maintenant partie de la constellation moderne Bootes (le "berger"), sont l'une des pluies de météores annuelles les plus impressionnantes. Comme les Géminides, les Quadrantides proviennent d'un astéroïde - 2003 EH1 - et non d'une comète. La pluie de météores des Quadrantides sera active du 12 décembre 2024 au 12 janvier 2025, avec un pic autour du 3 janvier 2025. Cette pluie de météores a un pic particulièrement étroit, d'une durée d'environ six heures seulement, car la Terre traverse son flux de météores à un angle perpendiculaire. Pendant le pic, dans des conditions idéales, les observateurs peuvent s'attendre à voir entre 60 et 200 météores par heure. Comme les Léonides, les Quadrantides sont également connus pour produire des boules de feu brillantes et durables. C'est dans l'hémisphère nord que l'on peut le mieux observer les quadrantides, pendant la nuit et avant l'aube.

5.7 Entre ombre et lumière : Faits amusants sur les éclipses solaires et lunaires

Eclipse solaire

- La plus longue éclipse solaire totale enregistrée a eu lieu le 15 juin 743 avant J.-C. et a duré 7 minutes et 28 secondes. L'éclipse était visible dans l'océan Indien, au large des côtes du Kenya et de la Somalie. La durée maximale possible d'une éclipse solaire totale est de 7 minutes et 32 secondes. Ce maximum théorique se produit lorsque le soleil est à l'aphélie (son point le plus éloigné de la Terre) et que la lune est au périgée (son point le plus proche de la Terre).

- Le 29 mai 1919, une éclipse solaire a fourni une preuve essentielle de la théorie générale de la relativité d'Albert Einstein. Selon cette théorie, la taille massive du Soleil crée une courbure de l'espace-temps. Lorsque la lumière provenant d'étoiles lointaines passe à proximité du Soleil, elle suit cette courbure de l'espace-temps et courbe sa trajectoire. Lors de l'éclipse solaire de 1919, l'astrophysicien anglais Arthur Eddington et son équipe ont photographié des étoiles proches du Soleil (normalement invisibles en raison de la luminosité du Soleil). Ils ont constaté que la position apparente des étoiles s'était déplacée et que l'ampleur de la déviation correspondait précisément aux prédictions d'Einstein. Cela a confirmé la théorie générale de la relativité d'Einstein.

- L'éclipse solaire qui s'est produite le 3 novembre 2013 était une éclipse hybride rare. Elle a commencé par une éclipse annulaire, mais s'est transformée en éclipse totale lorsque la distance de la Lune par rapport à la Terre a diminué. Une éclipse hybride se produit lorsque la distance de la Lune par rapport à la Terre change au cours de l'éclipse, la faisant passer d'une éclipse totale à une éclipse annulaire. La prochaine éclipse hybride aura lieu le 14 novembre 2031 et passera principalement au-dessus de l'océan Pacifique. Les deux prochaines éclipses hybrides sont attendues en novembre 2049 et en mai 2050.

- L'éclipse solaire du 21 août 2017 était une éclipse solaire totale visible sur l'ensemble des États-Unis contigus pour la première fois depuis 1918. Également connue sous le nom de "Grande éclipse américaine", sa trajectoire de totalité (où la Lune bloque complètement la lumière du Soleil), d'une largeur de 110 km, s'est étendue sur 14 États, dont l'Oregon, l'Idaho, le Montana, le Wyoming, le Nebraska, le Kansas, l'Iowa, le Missouri, l'Illinois, le Kentucky, le Tennessee, la Géorgie, la Caroline du Nord et la Caroline du Sud. L'éclipse totale a été visible pour la première fois dans l'Oregon à 10 h 15 (PDT) et s'est terminée à Charleston (Caroline du Sud) vers 14 h 41 (EST).

Eclipse de lune

- Avez-vous déjà vu une lune de sang ? Il s'agit d'une lune d'une couleur rouge cuivrée qui donne la chair de poule. Ce phénomène se produit lors d'une éclipse lunaire totale, lorsque la Terre empêche la lumière du soleil d'atteindre directement la lune. La seule lumière qui se reflète sur la lune pendant cette période est filtrée par l'atmosphère terrestre, qui diffuse la lumière bleue et laisse passer la lumière rouge. Cette lumière rouge se reflète alors sur la surface lunaire, lui donnant un éclat rougeâtre. Plus il y a de poussière ou de nuages dans l'atmosphère, plus la teinte rouge de la lune apparaît profonde. La lune de sang la plus récente s'est produite le 8 novembre 2022 et était également connue sous le nom de "Beaver Blood Moon" (lune de sang des castors). La prochaine éclipse lunaire totale, et donc la prochaine occasion d'assister à une lune de sang, aura lieu le 14 mars 2025. Cet événement céleste sera visible à travers le Pacifique, les Amériques, l'Europe de l'Ouest et l'Afrique de l'Ouest.

- En revanche, une lune bleue est une pleine lune qui se produit au cours d'une saison (généralement trois mois) comportant quatre pleines lunes, ou deux fois au cours d'un même mois calendaire. La lune elle-même ne devient pas bleue, mais elle peut apparaître bleue lorsqu'elle est observée à travers une brume atmosphérique contenant des particules de poussière (contrairement à une lune de sang, où la lumière du soleil est bloquée). Ce phénomène est rare et imprévisible, d'où l'expression "une fois par lune bleue".

- L'éclipse lunaire totale la plus longue jamais enregistrée a eu lieu le 16 juin 2000 et a duré 106 minutes et 24,6 secondes. Les prochaines éclipses totales de lune les plus longues sont prévues pour le 12 mai 2264 et le 27 juillet 3107, et dureront respectivement 106 minutes et 13 secondes et 106 minutes et 21 secondes. La durée d'une éclipse lunaire totale varie en fonction de la position de la lune sur son orbite. Lorsque la lune est à l'apogée (son point le plus éloigné de la Terre), elle se déplace plus lentement dans l'ombre de la Terre, ce qui se traduit par une éclipse plus longue.

- L'éclipse lunaire totale qui s'est produite le 29 février 1504, connue sous le nom d'éclipse de Colomb, a permis de sauver la vie de Christophe Colomb et de son équipage. Lors du quatrième et dernier voyage de Christophe Colomb vers le Nouveau Monde, sa flotte a été endommagée par des tarets, ce qui l'a contraint à échouer les navires restants sur la côte nord de la Jamaïque le 25 juin 1503. Dans un premier temps, les Arawaks locaux lui ont fourni de la nourriture et un abri, mais au fil des mois, les tensions se sont accrues et les Arawaks se sont montrés réticents à échanger des provisions contre ce qu'ils considéraient comme des babioles sans valeur. Face au risque de famine, Christophe Colomb élabore un plan. Sachant qu'une éclipse totale de lune était imminente le 29 février 1504, il avertit le chef arawak local que son dieu chrétien était en colère et qu'il manifesterait son mécontentement en rendant la pleine lune "enflammée de colère". La nuit de l'éclipse, alors que la lune rougit et s'obscurcit, les Arawaks terrifiés supplient Colomb de la rétablir. En utilisant un sablier pour chronométrer l'éclipse, Colomb fait semblant de consulter son dieu et, tandis que la lune réapparaît peu à peu, les Arawaks sont remplis de gratitude et de crainte et continuent de fournir de la nourriture à Colomb et à son équipage. Un navire de secours est arrivé plus tard, en juin, et Colomb est rentré sain et sauf en Espagne en novembre 1504.

5.8 Les visiteurs indésirables : Impacts d'astéroïdes ayant provoqué des catastrophes

- Alors que près de 100 tonnes de poussière météorique pénètrent dans l'atmosphère terrestre et se consument chaque jour, des astéroïdes plus petits, d'un diamètre de 1 mètre, frappent la Terre quelques fois par an. L'astéroïde qui a frappé Chelyabinsk, en Russie, en 2013, mesurait 19 mètres de diamètre ; des événements de cette ampleur se produisent tous les 60 à 80 ans. Les impacts plus importants, comme l'astéroïde de 164 pieds (50 mètres) qui a frappé Tunguska en 1908, se produisent tous les 200 à 300 ans. Les astéroïdes de plus de 0,62 miles (1 kilomètre) sont très dangereux, avec des impacts capables de causer des dommages catastrophiques à la vie sur Terre. Ils se produisent environ tous les 500 000 ans. Les astéroïdes tueurs de planète, d'une taille supérieure à 10 kilomètres, comme celui qui a anéanti les dinosaures il y a 65 millions d'années, sont extrêmement rares. Les scientifiques ont déterminé qu'au cours des 600 millions d'années écoulées, la Terre a été frappée par 60 objets d'un diamètre de 5 kilomètres ou plus, soit en moyenne un tous les 10 millions d'années.

- Le cratère de Vredefort est le plus grand et le plus ancien cratère de la Terre. Il s'est formé il y a environ 2 milliards d'années lorsqu'un gros astéroïde, dont le diamètre est estimé à environ 10 kilomètres, est entré en collision avec la Terre près de l'actuelle Johannesburg, en Afrique du Sud. L'impact a créé le plus grand cratère d'impact connu sur la planète, qui mesure 186 miles (300 kilomètres) de diamètre. Cet immense cratère a été considérablement érodé au fil du temps, laissant derrière lui la structure visible du "dôme de Vredefort". Le fait que notre planète ait survécu à un événement aussi catastrophique est remarquable !

- Il y a environ 65 millions d'années, un gros astéroïde, dont le diamètre est estimé à environ 10 kilomètres, a percuté la Terre à une vitesse supérieure à 25 kilomètres par seconde, près de l'actuelle péninsule du Yucatán, au Mexique. L'impact a libéré une quantité d'énergie équivalente à 10 000 fois l'arsenal nucléaire mondial actuel, créant un cratère massif d'un diamètre d'environ 124 miles (200 kilomètres). Les scientifiques s'accordent à penser que cet impact a bloqué la lumière du soleil par la poussière et les débris, ce qui a déclenché un changement climatique mondial spectaculaire. Cela a conduit à une extinction massive à la limite entre le Crétacé et le Paléogène, entraînant la disparition des dinosaures et de plus de 50 % des espèces terrestres.

- Le cratère de Popigai, situé dans le nord de la Sibérie, en Russie, s'est formé il y a environ 35 millions d'années lorsqu'un gros astéroïde, d'une largeur de 5 à 8 kilomètres, a heurté la Terre. Cet impact a créé un cratère massif d'environ 100 kilomètres de diamètre. En raison de la forte teneur en carbone du sol entourant le site de l'impact, la chaleur et la pression intenses générées par la collision ont créé une grande quantité de "diamants d'impact". Cette abondance de diamants a valu au cratère le surnom de "cratère de diamants". Vous trouverez peut-être de minuscules granules de diamants (d'une taille de 3 à 10 mm) si vous visitez le site !

- Le bassin de Sudbury est le troisième plus grand cratère d'impact au monde et est situé dans l'Ontario, au Canada. Il a été formé il y a plus de 1,8 milliard d'années par l'impact massif d'une comète, plutôt que par celui d'un astéroïde. La comète a percuté la Terre à une vitesse estimée à plus de 20 kilomètres par seconde, créant un cratère d'une largeur initiale de 150 kilomètres. Au fil du temps, l'érosion a transformé le cratère original en un bassin elliptique, et sa taille a été réduite à environ 60 km sur 30. Des fragments de roches provenant de l'impact ont été découverts jusqu'à l'actuel Minnesota, à des centaines de kilomètres du site d'impact. La chaleur et la pression intenses générées par la collision ont fait fondre la roche et concentré des minéraux précieux tels que le nickel, le cuivre et les métaux du groupe du platine, ce qui a conduit à la formation de riches sites miniers autour du cratère.

5.9 Galaxies avec signaux radio : Sommes-nous seuls dans l'univers ?

- Sommes-nous seuls dans l'univers ? Existe-t-il d'autres êtres intelligents ? En bref, nous ne le savons pas. Toutefois, des scientifiques étudient de mystérieux signaux radio provenant de l'espace lointain, qui, selon certains, pourraient être le signe d'une intelligence extraterrestre.

- Le signal "Wow !" est une célèbre et mystérieuse transmission radio détectée par le radiotélescope Big Ear de l'université de l'État de l'Ohio le 15 août 1977, dans le cadre d'une recherche d'intelligence extraterrestre. Le signal, d'une durée de 1 minute et 12 secondes, provenait de la constellation du Sagittaire et était 30 fois plus fort que le bruit de fond de l'espace lointain. Il a été reçu à une fréquence spécifique de 1 420 mégahertz, la même fréquence à laquelle l'hydrogène, l'élément le plus abondant de l'univers, émet des ondes radio. Certains astronomes ont donc émis l'hypothèse qu'il pourrait s'agir d'une tentative de communication entre une vie extraterrestre et la Terre.

- Cependant, depuis sa détection initiale, le mystérieux "signal Wow !" n'a jamais été observé à nouveau. Dans une récente étude publiée en 2024, l'astrobiologiste planétaire Abel Méndez a émis l'hypothèse que le signal pourrait avoir été provoqué par une éruption intense d'un magnétar, un type d'étoile dense et magnétique. M. Méndez suggère que l'éruption a frappé un nuage interstellaire de gaz d'hydrogène, provoquant l'émission du rayonnement détecté par le radiotélescope Big Ear. Malgré cela, les scientifiques, y compris ceux de la NASA, travaillent sans relâche à la collecte de signaux provenant de l'univers dans l'espoir de trouver des signes de vie intelligente.

- D'autre part, les scientifiques ont détecté un autre type de signal radio provenant de l'univers : les sursauts radio rapides (FRB). Les FRB sont de brèves et intenses salves d'ondes radio provenant de l'extérieur de la Voie lactée. Ces sursauts sont incroyablement énergétiques, libérant autant d'énergie en une milliseconde que le soleil en trois jours. Ils peuvent durer d'une fraction de milliseconde à plusieurs secondes. Le premier FRB a été découvert en 2007 et, depuis lors, les scientifiques ont détecté des centaines de ces éclairs en provenance de points éloignés de l'univers.

- Les sources des FRB restent incertaines. La plupart des scientifiques pensent qu'ils sont causés par des phénomènes astrophysiques tels que les trous noirs ou les étoiles à neutrons. Cependant, certains, comme le professeur Avi Loeb de Harvard, suggèrent qu'ils pourraient être la preuve d'une technologie extraterrestre avancée. En 2019, une équipe canadienne utilisant le radiotélescope CHIME (Canadian Hydrogen Intensity Mapping Experiment) en Colombie-Britannique a découvert 13 sursauts radio rapides, dont un sursaut répétitif. Alors que la plupart des scientifiques attribuent ces nouveaux sursauts à des restes de supernova ou à des trous noirs, Loeb a proposé que les FRB soient des signaux provenant d'émetteurs extraterrestres utilisés pour propulser des vaisseaux spatiaux. Les scientifiques espèrent obtenir une réponse plus définitive au fur et à mesure que d'autres FRB seront détectés.

5.10 Migration interstellaire : La recherche de planètes habitables

- Dans notre système solaire, Mars est considérée comme une candidate potentielle pour une future habitation humaine. Elle possède des calottes polaires et des traces d'anciens canaux d'eau, ce qui laisse supposer l'existence d'une source d'eau. En outre, le jour martien a à peu près la même durée que le jour terrestre, ce qui faciliterait l'adaptation au rythme circadien martien. Bien que Mars soit froide (avec une température médiane à la surface de -85°F, ou -65°C) et que sa réserve d'oxygène soit très limitée (environ 1/10 000e de la quantité présente dans l'atmosphère terrestre), les scientifiques pensent qu'elle pourrait potentiellement être terraformée pour devenir plus propice à la vie humaine.

- Entre-temps, les scientifiques n'ont jamais cessé de rechercher des planètes habitables en dehors de notre système solaire. Depuis la première découverte confirmée d'une exoplanète (une planète en orbite autour d'une étoile en dehors du système solaire) en 1995, les scientifiques ont identifié plus de 5 000 planètes de ce type. Pour trouver une planète semblable à la Terre et habitable par l'homme, les astronomes recherchent de petites planètes rocheuses situées dans la zone habitable de leur étoile, où de l'eau liquide peut exister. Deux des principales candidates susceptibles d'être habitables sont énumérées ci-dessous :

- KOI (Kepler Object of Interest) 5725.01, découverte en 2015 grâce à l'analyse des données du télescope spatial Kepler, est une exoplanète située à environ 3 000 années-lumière dans la constellation du Cygne. Les scientifiques ont déterminé que KOI-5715.01 abrite des conditions encore plus favorables à la vie que celles que l'on trouve sur Terre, ce qui les a amenés à classer la planète comme "super-habitable". La planète fait près de deux fois la taille de la Terre et possède probablement une surface solide. Elle est en orbite autour d'une étoile naine orange, plus stable que notre soleil et dont la durée de vie peut atteindre 45 milliards d'années, contre 10 milliards d'années pour notre soleil. Cette durée de vie prolongée laisse potentiellement beaucoup plus de temps à la vie pour se développer. Avec une température de surface de 11,6 °C, KOI 5715.01 est remarquablement proche de la température moyenne de la Terre. Les scientifiques étudient actuellement son atmosphère à la recherche de molécules telles que l'oxygène, le dioxyde de carbone et le méthane, qui pourraient indiquer la présence de vie.

- KOI 5554.01, une autre exoplanète âgée d'environ 6,5 milliards d'années, a une taille comprise entre 0,72 et 1,29 fois le diamètre de la Terre. Elle est en orbite autour d'une étoile naine jaune située à environ 700 années-lumière, avec une année de 362 jours, semblable à celle de la Terre. La température moyenne à la surface de la planète est d'environ 27 °C, ce qui est propice à la vie humaine. Les scientifiques cherchent actuellement à savoir si la planète contient de l'eau et de l'oxygène, des indicateurs clés de l'habitabilité.

5.11 Tout est en mouvement : Nous nous déplaçons rapidement dans l'espace

- La première vitesse cosmique fait référence à la vitesse minimale qu'un objet doit atteindre pour se mettre en orbite autour d'un corps céleste, comme la Terre. Elle est également connue sous le nom de vitesse orbitale. Pour la Terre, la première vitesse cosmique est d'environ 7,9 kilomètres par seconde. Les satellites artificiels en orbite autour de la Terre, la Station spatiale internationale, la plupart des satellites de communication, les satellites météorologiques et tout engin spatial maintenant une orbite stable autour de la Terre sont des exemples d'objets se déplaçant à la première vitesse cosmique.

- La seconde vitesse cosmique, également appelée vitesse de fuite, est la vitesse nécessaire pour qu'un objet échappe complètement à l'attraction gravitationnelle d'une planète et ne retombe pas. Pour la Terre, la seconde vitesse cosmique est d'environ 11,2 kilomètres par seconde. Tout engin spatial lancé depuis la Terre, comme une sonde spatiale quittant l'orbite terrestre, se déplace à cette vitesse.

- La troisième vitesse cosmique est la vitesse initiale nécessaire pour échapper aux champs gravitationnels combinés de la Terre et du Soleil. La troisième vitesse cosmique est d'environ 42 kilomètres par seconde, soit 0,014 % de la vitesse de la lumière dans le vide. Un excellent exemple d'objet se déplaçant à la troisième vitesse cosmique serait un vaisseau spatial ayant réussi à quitter le système solaire, comme les sondes Voyager.

- La rotation de la Terre à l'équateur atteint une vitesse d'environ 1 037 miles (1 670 kilomètres) par heure. Cette vitesse est calculée en divisant la circonférence de la

Terre à l'équateur par le temps nécessaire pour effectuer une rotation (24 heures). La vitesse de rotation de la Terre diminue à mesure que l'on s'éloigne de l'équateur et que l'on se rapproche des pôles. Malgré la rapidité de la rotation de la Terre, nous ne la percevons pas car le mouvement est constant et nous nous déplaçons avec lui.

- La Lune tourne autour de la Terre à une vitesse d'environ 3 682 kilomètres par heure, soit 1 022 kilomètres par seconde. Il faut 27,3 jours à la Lune pour effectuer une orbite autour de la Terre.

- La Terre tourne autour du Soleil à une vitesse d'environ 107 000 kilomètres par heure, soit environ 30 kilomètres par seconde. En un an, la Terre parcourt environ 940 millions de kilomètres, soit 365,25 jours pour effectuer une orbite.

- Notre galaxie, la Voie lactée, ressemble à une gigantesque roue d'épingle en rotation. Notre système solaire se déplace à l'intérieur de la galaxie à une vitesse moyenne d'environ 792 000 kilomètres par heure, soit environ 220 kilomètres par seconde, alors qu'il orbite autour du centre de la Voie lactée. Une orbite complète dure environ 230 millions d'années terrestres !

- Des mesures scientifiques indiquent que la Voie lactée se déplace dans l'espace à une vitesse d'environ 2,1 millions de kilomètres par heure, ce qui correspond à environ 600 kilomètres par seconde. Cette vitesse est mesurée par rapport au rayonnement cosmique de fond, un résidu du Big Bang qui sert de point de référence pour l'expansion de l'univers. Notre galaxie se déplace dans la direction générale des constellations du Lion et de la Vierge. Malgré la vitesse élevée de la Voie lactée, nous ne percevons pas ce mouvement car nous nous déplaçons en même temps qu'elle !

- Si vous êtes déjà étonné par la vitesse à laquelle nous traversons l'univers, préparez-vous à l'être encore plus. Au cours du Big Bang, l'univers primitif s'est développé à une vitesse stupéfiante, dépassant de loin la vitesse de la lumière (186 282 miles ou 299 792 kilomètres par seconde). Les scientifiques estiment que dans les premiers stades du Big Bang, au cours d'une phase connue sous le nom d'inflation, l'univers s'est agrandi d'un facteur 10^78 en environ 10^-32 secondes. Cela correspond à une expansion d'environ 100 000 milliards de kilomètres en une fraction de seconde inimaginable ! Il est important de rappeler que si les objets présents dans l'espace ne peuvent dépasser la vitesse de la lumière, l'expansion de l'espace lui-même au cours de l'inflation n'est pas soumise à cette limitation.

5.12 Supernova : Feu d'artifice dans l'univers

- Une supernova est un événement spectaculaire qui se produit lorsqu'une étoile n'a plus de carburant et explose dans un éclat de lumière. Les supernovae sont parmi les objets les plus brillants du ciel nocturne et peuvent être des milliards de fois plus lumineuses que le soleil. Elles peuvent éclairer une galaxie entière pendant des semaines et atteindre un diamètre de plusieurs années-lumière.

- Les supernovae sont la principale source d'éléments lourds dans l'univers. Lorsqu'une supernova se produit, elle distribue dans l'espace les éléments stockés et ceux nouvellement créés. L'étude des supernovae a permis aux scientifiques d'en apprendre beaucoup sur l'univers, notamment sur la manière dont les étoiles génèrent les éléments chimiques nécessaires à la vie.

- Une supernova se produit quelque part dans l'univers environ toutes les 10 secondes. Toutefois, dans les galaxies semblables à la Voie lactée, seules deux ou trois supernovae se produisent par siècle. En moyenne, cela se traduit par une supernova tous les 50 à 100 ans dans notre galaxie, mais cette fréquence peut varier en fonction de la région spécifique de la galaxie et du type de supernova.

- Une supernova est des milliards de fois plus lumineuse que le soleil. Une supernova se produisant à seulement 32,6 années-lumière (191,7 billions de miles, ou 308,6 billions de kilomètres) serait 15 millions de fois plus lumineuse que Sirius, l'étoile la plus brillante du ciel nocturne.

- En raison de leur extrême luminosité, les supernovae peuvent être observées à de grandes distances. Selon les données astronomiques actuelles, la supernova la plus lointaine jamais détectée est DES16C2nm, située à environ 10,5 milliards d'années-lumière de la Terre. Cette supernova superlumineuse (SLSN) a été repérée pour la première fois par le Dark Energy Survey en août 2016.

- Pour une étoile dont la masse est au moins 20 fois supérieure à celle du soleil, l'explosion d'une supernova peut laisser derrière elle un vestige d'une masse suffisante pour former un trou noir. Dans ces étoiles massives, les forces gravitationnelles l'emportent sur la pression de dégénérescence des neutrons, provoquant l'effondrement du cœur de l'étoile en un trou noir. Si le vestige stellaire reste en dessous de ce seuil de masse critique, il formera une étoile à neutrons. L'étoile à neutrons la plus lourde connue a une masse d'environ 2,5 fois celle du soleil, tandis que le trou noir le plus léger connu a une masse d'environ 5 masses solaires.

- Nous savons que les trous noirs sont étranges, mais les étoiles à neutrons présentent également des caractéristiques inhabituelles. Elles contiennent la matière la plus dense que nous puissions observer directement dans l'univers, avec des densités atteignant environ 10^17 kilogrammes par mètre cube. Une seule cuillère à café de matière d'étoile à neutrons pèserait autant que le mont Everest, qui pèse des milliards de tonnes ! Elles tournent également à une vitesse incroyable. L'étoile à neutrons la plus rapide connue, PSR J1748-2446ad, peut tourner environ 43 000 fois par minute (716 fois par seconde), ce qui est presque aussi rapide qu'une lame de mixeur. Les étoiles à neutrons possèdent également les champs magnétiques les plus puissants connus dans l'univers. Leurs champs magnétiques, de 10^12 à 10^15 Gauss, sont des billions à des quadrillions de fois plus puissants que le champ magnétique terrestre (0,5 Gauss), et un type d'étoile à neutrons appelé "magnétar" peut même avoir des champs magnétiques mille fois plus puissants ! Des champs magnétiques aussi puissants peuvent affecter de manière significative l'espace proche.

- La supernova la plus brillante jamais enregistrée, appelée "SN2016aps", a été découverte en 2016 par le Panoramic Survey Telescope and Rapid Response System (Pan-STARRS) à Hawaï. Le pic de luminosité de SN2016aps (magnitude absolue de -22,35) était 74 milliards de fois plus brillant que le Soleil (magnitude absolue de +4,83), et 500 fois plus brillant que les explosions de supernova typiques observées à ce jour ! Son énergie est 1,1 quintillion (10^18) fois supérieure à celle du Soleil, ce qui en fait l'un des événements les plus énergétiques jamais observés. La supernova s'est produite dans une galaxie située à environ 3,6 milliards d'années-lumière et a été si lumineuse qu'elle a éclipsé la lumière de la galaxie qui l'entourait.

5.13 L'origine et le destin de l'univers : Où cela va-t-il s'arrêter ?

L'origine de l'univers

- Le point de vue scientifique dominant est que l'univers est né d'un "Big Bang" il y a environ 13,8 milliards d'années, se développant à partir d'un point unique extrêmement dense. Cette expansion se poursuit aujourd'hui à un rythme accéléré.

- Immédiatement après le Big Bang, l'univers existait sous la forme d'une "soupe" surchauffée de particules, avec des températures estimées à environ 10^32 kelvins. Au cours de la première seconde de son existence, l'univers s'est rapidement refroidi pour atteindre des températures d'environ 10 milliards de degrés Celsius (ce qui est encore très chaud !). À titre de comparaison, la température à la surface du Soleil n'est que d'environ 10 000 degrés Fahrenheit (5 600 degrés Celsius), tandis que son cœur atteint environ 27 millions de degrés Fahrenheit (15 millions de degrés Celsius).

- Les températures extrêmes de l'univers primitif ont facilité la création et l'annihilation continues de particules telles que les électrons et les positrons. Au cours des premières minutes, l'univers a généré la plupart de l'hydrogène et de l'hélium qui existent aujourd'hui, ainsi que des traces de lithium. L'hydrogène et l'hélium sont les éléments les plus abondants, constituant environ 98 % de l'univers visible.

- Dans une infime fraction de seconde (10^-32 secondes) après le Big Bang, l'univers a connu une période d'expansion rapide connue sous le nom d'inflation cosmique. Au cours de l'inflation, les dimensions linéaires de l'univers ont été multipliées par un facteur d'au moins 10^26, ce qui a entraîné une augmentation de volume de 10^78. Pour mettre cela en perspective, cela revient à étendre quelque chose d'aussi petit que la moitié de la largeur d'une molécule d'ADN à environ 10,6 années-lumière de diamètre (62,3 trillions de miles ou 100 trillions de kilomètres) !

- La période qui commence environ 380 000 ans après le Big Bang et qui dure jusqu'à la formation des premières étoiles et galaxies, estimée à environ 1 milliard d'années après le Big Bang, est connue sous le nom d'âge sombre cosmique. À cette époque, l'univers était rempli de gaz d'hydrogène neutre qui masquait les sources de lumière. L'univers paraissait donc sombre.

- L'univers observable a un diamètre d'environ 93 milliards d'années-lumière, mais sa taille réelle est inconnue. En effet, nous ne pouvons pas voir au-delà de la limite de l'univers observable. Dans l'univers observable, les scientifiques estiment qu'il y a entre 100 et 1 000 milliards de galaxies et 200 milliards de milliards d'étoiles. Comparée à l'univers, notre Terre est comme un grain de sable perdu dans un désert immense !

La fin de l'univers

- La fin potentielle de l'univers pourrait prendre la forme d'un "Big Freeze", où l'expansion se poursuivrait indéfiniment, ou d'un "Big Crunch", où la gravité finirait par tout rassembler. Le résultat dépend de la densité de l'univers et de la quantité d'énergie noire présente.

- Le grand gel, également connu sous le nom de grand froid ou de mort thermique, est une théorie largement acceptée. Elle propose que l'univers s'étende indéfiniment, dispersant l'énergie jusqu'à ce que toutes les régions atteignent une température uniforme. Les interactions entre les particules s'arrêteraient alors, laissant l'univers dans un état de congélation.

- Ce processus devrait durer plus de mille milliards d'années. Dans un premier temps, la formation d'étoiles et de galaxies s'arrêterait, et les étoiles existantes s'épuiseraient progressivement et cesseraient de briller. Les trous noirs consommeraient alors toute la matière restante et l'univers entrerait dans une ère sombre. En fin de compte, l'univers atteindrait un état d'entropie maximale, où tout serait uniformément réparti et où aucun gradient d'énergie n'entraînerait d'autres événements. Imaginez que le temps devienne un vide sans fin, où il ne se passe pratiquement rien en raison du manque d'énergie dans l'univers !

- Dans un autre scénario, si la gravité est suffisante, l'univers pourrait finir par s'effondrer sur lui-même, à l'instar d'une étoile qui s'effondre et forme un trou noir. L'univers finirait alors par se rétrécir jusqu'à un point infiniment petit appelé singularité, un événement potentiellement suivi d'un autre Big Bang et de la reformation d'un nouvel univers.

- Dans les deux théories, la mystérieuse énergie noire serait le moteur de l'accélération de l'expansion de l'univers. Toutefois, si l'énergie sombre provoque une accélération trop rapide de l'expansion de l'univers, elle pourrait finalement déchirer l'univers et le réduire à ses composants fondamentaux, tels que les atomes. Selon vous, quelle sera la fin de notre univers ?

Chapter 6

Le cerveau mystérieux

6.1 Les cerveaux : Les ordinateurs les plus puissants que nous ayons jamais connus

- Le cerveau humain est la structure connue la plus complexe de l'univers, puisqu'il contient environ 86 milliards de neurones. Chaque neurone peut former des milliers de connexions synaptiques avec d'autres neurones, créant ainsi un vaste réseau de trillions d'interconnexions. Ce réseau complexe dépasse de loin la complexité des superordinateurs les plus avancés.

- Le cerveau humain possède des capacités de traitement remarquables qui lui permettent de traiter simultanément de grandes quantités d'informations. Bien que les estimations varient, des recherches récentes suggèrent que sa puissance de calcul pourrait atteindre l'exaflop (un quintillion, ou 10^18 calculs par seconde), rivalisant ou même dépassant la puissance de traitement brute de certains superordinateurs.

- Bien qu'il ait la puissance de calcul d'un superordinateur, le cerveau humain ne fonctionne qu'avec environ 20 watts d'énergie, soit à peu près l'équivalent de la puissance nécessaire pour faire fonctionner une ampoule électrique de faible intensité. En revanche, l'un des superordinateurs les plus puissants au monde, le Oak Ridge Frontier, peut atteindre des vitesses de calcul exaflopiques similaires (10^18 calculs par seconde), mais il a besoin de 20 mégawatts pour y parvenir. C'est un million de fois plus d'énergie que ce que le cerveau utilise.

- Le cerveau humain peut stocker environ 2,5 pétaoctets d'informations, ce qui équivaut à 2,5 millions de gigaoctets de mémoire numérique, soit plus de 2 500 disques durs de 1 To. Ce chiffre est à peu près comparable à la quantité de données stockées sur le World Wide Web. La puissance de stockage du cerveau provient du grand nombre de connexions qu'il contient, soit 100 000 milliards de connexions entre ses 100 milliards de neurones.

- Croyez-le ou non, la grande majorité des neurones de notre cerveau se développent avant notre naissance. Le pic de production de neurones se situe au milieu de la gestation (entre la 5e et la 20e semaine), période au cours de laquelle notre cerveau génère un nombre stupéfiant de 50 000 à 100 000 nouvelles cellules nerveuses par seconde. Une fois formés, les neurones migrent vers leur emplacement désigné dans le cerveau et commencent à se différencier en types spécialisés. Ils commencent alors à former des connexions entre eux, appelées synapses, qui sont cruciales pour la communication neuronale.

- Malgré le perfectionnement structurel continu de notre cerveau après la naissance, nous subissons une perte progressive de neurones. Les scientifiques estiment que le nombre total de neurones néocorticaux diminue de 9,5 % entre 18 et 93 ans[1] . Cela se traduit par une perte moyenne d'environ 85 000 neurones par jour, soit environ un neurone par seconde. Cependant, certaines régions du cerveau, comme l'hippocampe (responsable de la formation et de la consolidation de la mémoire) et le bulbe olfactif (impliqué dans la détection des odeurs), génèrent continuellement de nouveaux neurones. Les chercheurs estiment que l'hippocampe produit environ 700 à 1 500 nouveaux neurones par jour tout au long de l'âge adulte[2] , et l'exercice physique favorise probablement la génération de nouveaux neurones.

6.2 Cerveaux masculins et féminins : Les cerveaux ont-ils un sexe ?

- Les cerveaux masculin et féminin présentent en effet des différences de structure et de fonction. Des recherches ont montré que le cerveau masculin est en moyenne 10 % plus grand que le cerveau féminin. Nirao Shah, chercheur à Stanford, suggère que les circuits neuronaux qui régissent les comportements innés, tels que l'accouplement et l'éducation des enfants, sont probablement câblés et présentent des variations spécifiques au sexe.

- Les scientifiques constatent que les femmes sont généralement plus performantes dans diverses mesures de l'aptitude verbale, notamment la compréhension de la lecture, les compétences en matière d'écriture et la fluidité verbale. La seule exception concerne les analogies verbales, pour lesquelles les hommes ont tendance à être plus performants. En outre, les femmes excellent dans les tests de coordination motrice fine et de vitesse de perception. En revanche, les hommes ont des capacités visuospatiales supérieures. Ils sont plus aptes à visualiser la rotation de formes complexes dans l'espace, à déterminer des angles par rapport à l'horizontale, à suivre des objets en mouvement et à viser des projectiles.

- Les femmes sont généralement plus aptes à extraire des informations de la mémoire à long terme et conservent des souvenirs émotionnels plus forts et plus vifs. Elles ont tendance à avoir des souvenirs plus riches et plus détaillés des événements émotionnels et à se rappeler ces expériences plus rapidement que les hommes. Cette mémoire supérieure des événements émotionnels peut être liée à des différences dans le fonctionnement de l'amygdale. En outre, les femmes ont tendance à se fier davantage aux points de repère pour la navigation, alors que les hommes utilisent généralement l'estime, estimant leur position sur la base de la distance et de la direction parcourues.

- Il est intéressant de noter que les recherches indiquent que les garçons et les filles ont des préférences différentes en matière de jouets dès leur plus jeune âge. Par exemple, les garçons préfèrent souvent les jouets à roulettes, tandis que les filles ont tendance à préférer les peluches. Cela suggère que ces préférences peuvent être inhérentes plutôt qu'uniquement façonnées par des influences culturelles. Notamment, des différences dans la capacité de visualisation spatiale peuvent être observées chez des nourrissons âgés de 2 à 3 mois.

- La prévalence des troubles cognitifs et neuropsychiatriques diffère également entre les sexes. Par exemple, les femmes sont deux fois plus susceptibles de souffrir de dépression clinique ou d'état de stress post-traumatique (ESPT), tandis que les hommes sont plus susceptibles de souffrir d'alcoolisme, de toxicomanie ou de schizophrénie. Les garçons ont un taux de dyslexie environ dix fois plus élevé et sont quatre à cinq fois plus susceptibles d'être diagnostiqués comme souffrant d'un trouble du spectre autistique .[3]

6.3 Des capacités cérébrales extraordinaires : Plus puissantes que nous ne le pensons

Synesthésie

- L'expression "Je sais ce que tu ressens" peut être prise au pied de la lettre par des personnes hyper-empathiques atteintes d'une maladie rare appelée synesthésie du toucher en miroir. Ces personnes ressentent en effet la sensation d'être touchées lorsqu'elles voient une autre personne être touchée. En 2007, des scientifiques ont rapporté le cas d'une femme atteinte de synesthésie du toucher en miroir qui a ressenti un toucher sur sa joue droite lorsqu'elle a vu une personne se tenant devant elle, face à face, se faire toucher sur la joue gauche[4] . Il est intéressant de noter que si elle se tenait à côté de la personne touchée, la sensation se produisait du même côté que la personne touchée.

- La synesthésie miroir-toucher peut aller jusqu'à l'extrême et devenir une synesthésie miroir-douleur. Le Dr Joel Salinas, qui a ressenti la musique et les chiffres comme des couleurs lorsqu'il était enfant, peut ressentir la douleur d'autrui. Lorsqu'il était étudiant en médecine, Joel a ressenti l'incision du couteau d'opération dans son propre abdomen en observant un adolescent sur une table d'opération. En 2008, Joel a ressenti les compressions thoraciques sur sa propre poitrine et le tube respiratoire qui lui raclait la gorge lorsqu'il a assisté au sauvetage d'urgence d'un patient en arrêt cardiaque. Lorsque le patient est mort, un silence étrange et une absence de sensations l'ont enveloppé[5] . Cependant, la synesthésie du toucher-miroir a également aidé Joel à remarquer rapidement les besoins des patients et à mieux s'occuper d'eux.

- Cette condition est liée à l'activité des neurones miroirs, des cellules cérébrales qui émettent des signaux électriques non seulement lorsqu'elles effectuent une action, mais aussi lorsqu'elles observent la même action effectuée par une autre personne. Les scientifiques pensent que nous naissons tous avec la synesthésie, qui diminue au fur et à mesure que les connexions cérébrales inutiles sont élaguées. Chez les personnes souffrant de synesthésie miroir-toucher, qui touche environ 1,6 % de la population, ces neurones miroirs semblent fonctionner à plein régime. Cela confirme l'idée que l'empathie se développe en simulant mentalement les expériences des autres.

Le syndrome du savant

- Le syndrome du savant est une maladie rare dans laquelle les personnes atteintes de troubles du développement, comme l'autisme, ou de lésions cérébrales, présentent des aptitudes extraordinaires dans des domaines spécifiques. Ces compétences, souvent appelées "capacités de savant", se manifestent généralement dans des domaines tels que l'art, la mémoire, l'arithmétique, la musique ou les capacités spatiales. Le type de savant le plus courant est le savant calendaire, souvent appelé "calendrier humain", qui peut calculer avec précision le jour de la semaine pour n'importe quelle date. L'amélioration de la mémoire est considérée comme un "superpouvoir" sous-jacent à ces capacités de savant. Bien que le syndrome des savants soit plus répandu chez les hommes, avec un ratio homme/femme de 6:1, on estime qu'il ne touche qu'une personne sur un million. Il n'est pas classé parmi les troubles mentaux, mais on pense qu'il résulte de la capacité du cerveau à se réorganiser et à compenser les déficiences.

- Daniel Tammet est un écrivain et savant anglais né le 31 janvier 1979 et connu pour son extraordinaire capacité de mémorisation. Tammet perçoit chaque nombre entier positif jusqu'à 10 000 avec des formes, des couleurs, des textures et des sentiments uniques, et il décrit les nombres avec des images vivantes. Il trouve 289 laids, 333 attirants et pi beaux. Il détient le record européen de récitation de pi à 22 514 chiffres de mémoire en cinq heures. En outre, Tammet est polyglotte et parle onze langues : anglais, estonien, finnois, français, allemand, lituanien, espéranto, espagnol, roumain, islandais et gallois. Il a appris à converser en islandais en une semaine seulement, ce qui est étonnant compte tenu de la difficulté de la langue.

- Laurence Kim Peek est un savant américain né le 11 novembre 1951 à Salt Lake City, dans l'Utah. Kim était connu comme un "mégasavant" pour sa mémoire extraordinaire. Enfant, Kim est confronté à des problèmes de motricité. Il ne pouvait pas marcher avant l'âge de quatre ans et avait du mal à boutonner sa chemise. Cependant, malgré ses difficultés sociales et ses anomalies cérébrales congénitales, Kim est devenu célèbre en inspirant le personnage de Raymond Babbitt dans le film "Rain Man", sorti en 1988. Sa capacité de mémoire était remarquable ; il pouvait mémoriser un livre entier en une heure environ et se rappeler avec précision le contenu d'au moins 12 000 livres. Kim lisait les livres rapidement, en balayant les pages de gauche avec l'œil gauche et les pages de droite avec l'œil droit. Ses capacités exceptionnelles ont été attribuées à des connexions neuronales uniques dues à l'absence du corps calleux, une structure cérébrale reliant les hémisphères cérébraux gauche et droit.

- Stephen Wiltshire, né le 24 avril 1974, est un artiste architecte britannique et un autiste savant connu pour son extraordinaire capacité à dessiner de mémoire des paysages urbains détaillés après les avoir vus une seule fois. Diagnostiqué autiste à l'âge de trois ans, Stephen était non verbal dans ses premières années. C'est vers l'âge de sept ans qu'il a commencé à se passionner pour le dessin de monuments. Le talent de Stephen l'a amené à créer des dessins panoramiques détaillés de villes telles que Londres, New York, Tokyo, Rome, Hong Kong, Francfort, Madrid, Dubaï et Jérusalem. L'une de ses œuvres les plus remarquables est son dessin de 18 pieds de long (5,5 m) de la ville de New York, réalisé après un bref vol en hélicoptère de 20 minutes, qui couvre Manhattan, le littoral de l'Hudson dans le New Jersey, le Financial District, Ellis Island, la Statue de la Liberté et Brooklyn. Il a également réalisé un dessin panoramique de Tokyo de 10 mètres de long en seulement sept jours. En 2006, Stephen a été fait membre de l'Ordre de l'Empire britannique (MBE) pour services rendus à l'art et a ouvert sa galerie permanente dans la Royal Opera Arcade à Londres.

- Jason D. Padgett, né en 1970 à Anchorage, en Alaska, est un artiste américain atteint du syndrome du savant acquis. Jeune homme, il a abandonné le Tacoma Community College et a travaillé comme vendeur pour l'entreprise de futons de son père. Le 13 septembre 2002, après une attaque brutale à la sortie d'un karaoké à Tacoma, dans l'État de Washington, Jason a subi une grave commotion cérébrale. À la suite de cet événement traumatisant, il a commencé à percevoir le monde à travers une lentille mathématique. L'eau apparaît comme des lignes tangentes et la lumière comme des rayons composés de spirales et de lignes. Cette nouvelle perspective l'a amené à créer des dessins géométriques complexes, qui l'ont aidé à gérer ses troubles obsessionnels compulsifs (TOC) et son syndrome de stress post-traumatique (SSPT). Ses capacités extraordinaires ont attiré l'attention du Dr Darold Treffert, expert renommé en matière de savantisme, qui a diagnostiqué chez lui le syndrome du savant acquis. Jason est l'une des 40 personnes au monde atteintes de ce syndrome, dans lequel des talents remarquables en mathématiques, en art ou en musique apparaissent à la suite d'une lésion cérébrale ou d'une maladie.

- Derek Amato, né le 19 novembre 1966, était formateur en entreprise dans le Colorado. Sa vie a radicalement changé le 27 octobre 2006, lorsqu'il a plongé dans une piscine lors de la fête d'un ami et s'est cogné la tête au fond, subissant une grave commotion cérébrale et perdant une partie de son audition d'une oreille. Cependant, quelques jours après l'accident, la musique a envahi son esprit. Il s'est assis au piano et a commencé à jouer des chefs-d'œuvre, alors qu'il était à peine capable de jouer de cet instrument avant sa blessure. Il a remporté le prix de l'artiste indépendant de l'année 2007 décerné par l'association des artistes indépendants de Los Angeles et a été surnommé "Rainman Beethoven" en raison de son syndrome de savant acquis.

- Orlando L. Serrell, né en 1968, est devenu un "savant acquis" après un accident qui a changé sa vie le 17 août 1979. À l'âge de dix ans, Orlando a été frappé par une balle de baseball sur le côté gauche de la tête et a perdu connaissance. Lorsqu'il a repris conscience, il n'a pas cherché à se faire soigner. Orlando a souffert d'un mal de tête persistant ; cependant, une fois rétabli, il a commencé à remarquer une capacité extraordinaire à effectuer des calculs calendaires complexes. Il pouvait déterminer le jour de la semaine pour n'importe quelle date depuis l'accident, et se rappeler le temps et les détails spécifiques de chaque jour. Au fil du temps, ses capacités de mémoire ont évolué vers une mémoire hyperthymétique, lui permettant de se souvenir des moindres détails des activités quotidiennes avec une clarté remarquable. Les scientifiques qui ont étudié les capacités extraordinaires d'Orlando ont découvert qu'il effectuait des calculs inconscients sans mémoriser le calendrier. L'histoire d'Orlando témoigne de l'incroyable potentiel du cerveau humain et de la façon dont il peut s'adapter de manière imprévue à la suite d'un traumatisme.

- Les scientifiques ont découvert que le phénomène du syndrome de la savante acquise implique des changements cérébraux spécifiques. Après une blessure, le cerveau subit un processus connu sous le nom des "trois R" : recrutement, recâblage et libération. Dans un premier temps, on observe une augmentation de l'activité électrique dans les tissus cérébraux sains restants, souvent dans l'hémisphère droit. Le cerveau forme ensuite de nouvelles connexions neuronales, reliant des régions qui n'étaient pas connectées auparavant. Ce processus de recâblage conduit à la libération de capacités dormantes, permettant à des personnes comme Jason d'accéder à des compétences extraordinaires. À l'appui de cette théorie, des scientifiques de l'université de Sydney ont réussi à induire temporairement des capacités de type savant chez des participants en diminuant l'activité dans l'hémisphère gauche et en l'augmentant dans l'hémisphère droit.

- Le syndrome du savant acquis souligne l'idée que notre cerveau n'est pas une ardoise vierge. Au contraire, il peut être pré-équipé de connaissances et de capacités inhérentes. Les savants peuvent accéder à ces prédispositions innées, révélant le potentiel extraordinaire du cerveau pour la créativité et la compréhension dans les domaines de la musique, de l'art et des mathématiques.

Calculateur humain

- Shakuntala Devi (4 novembre 1929 - 21 avril 2013) était une calculatrice mentale, astrologue et écrivain indienne connue pour son extraordinaire talent en calcul mental. Bien qu'elle n'ait reçu aucune éducation formelle, elle a fait preuve de remarquables capacités arithmétiques et était connue sous le nom d'"ordinateur humain". Shakuntala a démontré ses talents en calcul mental dans plusieurs pays.

En 1977, à la Southern Methodist University, elle a déterminé la racine 23 d'un nombre de 201 chiffres en seulement 50 secondes, surpassant ainsi le programme informatique de l'US Bureau of Standards. Elle a également calculé correctement la racine cubique de 61 629 875 et la septième racine de 170 859 375 en quelques secondes à l'université de Californie, Berkeley, en 1988. Le 18 juin 1980, elle a démontré ses compétences exceptionnelles en multipliant deux nombres à 13 chiffres choisis au hasard - 7 686 369 774 870 × 2 465 099 745 779 - par le département d'informatique de l'Imperial College de Londres. Elle a donné la réponse correcte, 18 947 668 177 995 426 462 773 730, en seulement 28 secondes, ce qui a été enregistré dans le Livre Guinness des records de 1982.

- Aaryan Shukla, né à Maharashtra, en Inde, est un jeune prodige de 13 ans réputé pour ses extraordinaires capacités de calcul mental. Sa rapidité en calcul mental lui a valu un record du monde Guinness en 2024. Sur le plateau de la série télévisée italienne *Lo Show Dei Record*, Aaryan a stupéfié le public en additionnant mentalement 50 nombres à cinq chiffres en seulement 25,19 secondes, soit une moyenne d'une addition toutes les 0,5 seconde. Alors que les chiffres défilaient devant lui sur un grand écran, trop rapidement pour que le public puisse les assimiler, Aaryan a calculé mentalement le total et a donné la bonne réponse. Aaryan a également remporté le prestigieux championnat de la Coupe du monde de calcul mental en 2022, qui s'est tenu à Paderborn, en Allemagne. En 2021, à l'âge de 10 ans, Aaryan a fait la une des journaux en remportant la médaille d'or dans les catégories ouverte et junior de la Mind Sports Olympiad (UK), une compétition en ligne intense d'une durée de trois heures. Face à des mathématiciens chevronnés, Aaryan s'est attaqué à une série de problèmes difficiles, notamment l'addition de nombres à 10 chiffres, la multiplication de nombres à 7 chiffres et l'extraction de racines carrées et cubiques. Sans stylo, ni papier, ni calculatrice, Aaryan a toujours surpassé ses concurrents grâce à son étonnante puissance mentale. Il est le plus jeune calculateur humain connu.

6.4 Anomalies cérébrales mystérieuses

Guerrier sans peur

- S.M., connue sous le nom de "patiente sans peur", est un cas remarquable dans l'histoire de la médecine en raison de son incapacité à éprouver de la peur. Dans une étude réalisée en 2011, des chercheurs de l'université de l'Iowa ont testé l'état extraordinaire de S.M. à travers une série de scénarios conçus pour susciter la peur[6]

. Ces tests comprenaient l'exposition à des serpents et des araignées vivants, la visite de l'une des maisons les plus hantées du monde et le visionnage de clips de films terrifiants. Bien qu'elle ait exprimé son aversion pour les serpents, S.M. a tenu un serpent et a interagi avec lui pendant plus de trois minutes sans avoir peur. Elle n'a pas non plus manifesté de peur dans la maison hantée ou en regardant les films d'horreur ; au contraire, elle les a trouvés excitants et divertissants. Dans sa vie réelle, S.M. a été confrontée à des situations mettant sa vie en danger, notamment lorsqu'elle a été tenue en joue par un homme fort dans un parc sombre, mais elle n'a jamais eu peur. Les scientifiques ont découvert que S.M. présentait des lésions bilatérales dans une structure cérébrale appelée amygdale, à la suite d'une maladie héréditaire rare connue sous le nom de maladie d'Urbach-Wiethe. Cette maladie, caractérisée par des dépôts de calcium dans l'amygdale, a entraîné une inhibition complète de sa réaction de peur.

- Il est surprenant de constater que l'atteinte de l'amygdale n'élimine pas complètement toutes les réactions de peur. Dans une étude réalisée en 2013, les scientifiques ont constaté que S.M. a déclaré avoir éprouvé de la peur pour la première fois depuis son enfance lors d'un test d'inhalation de 35 % de CO2[7] . L'inhalation d'une forte concentration de CO2 entraîne la suffocation, une expérience qui a également déclenché une crise de panique chez S.M. Il s'agissait du premier cas documenté où S.M. a ressenti de la peur dans n'importe quel contexte, en laboratoire ou autre. Les chercheurs ont effectué le même test sur deux autres patients qui présentaient également des lésions de l'amygdale dues à la maladie d'Urbach-Wiethe, et les deux patients ont également déclaré avoir ressenti de la peur lors de l'épreuve au CO2, confirmant ainsi les résultats.

- L'intrépide Jordy. Jordy Cernik, producteur de télévision britannique, souffrait d'une maladie rare appelée syndrome de Cushing, qui entraîne une production excessive de cortisol dans l'organisme. Depuis son diagnostic initial en 2005, il a subi plusieurs opérations du cerveau pour réduire le taux de cortisol. La dernière opération, en 2010, a consisté en l'ablation complète de ses glandes surrénales et, contre toute attente, il a perdu la capacité de ressentir la peur. Alors qu'il était une personne craintive avant les opérations, Jordy n'a plus ressenti la peur ni les émotions qui y sont associées, comme l'excitation ou la nervosité. Qu'il descende en rappel d'une tour de 127 mètres ou qu'il soit assis dans un avion serré à 19 000 pieds d'altitude, son rythme cardiaque est resté inchangé. Alors que beaucoup considèrent cette absence de peur comme un superpouvoir, Jordy lutte contre l'absence d'anxiété pour la sécurité de ses enfants et regrette l'excitation et la joie des activités quotidiennes, comme la réservation d'un voyage en famille. Cependant, Jordy reste lié à sa famille par l'amour et chérit les souvenirs qu'il avait avant les opérations.

Allez, votre sourire est faux

- Nous sourions beaucoup, et certains sourires sont authentiques tandis que d'autres ne le sont pas. Cependant, peu de gens savent que les vrais et les faux sourires sont contrôlés par des voies neuronales différentes dans notre cerveau. Un sourire authentique est contrôlé par des cellules des ganglions de la base, qui génèrent des expressions faciales involontaires. En revanche, un sourire forcé ou faux est géré par le cortex moteur situé à l'avant du cerveau, qui produit des mouvements volontaires habiles. En 1862, l'anatomiste français G. B. Duchenne a observé que les vrais sourires impliquent le muscle orbicularis oculi autour des yeux. Il se traduit souvent par un relèvement des joues, des rides de la patte d'oie et un léger abaissement des sourcils. Le sourire authentique est aujourd'hui connu sous le nom de sourire de Duchenne.

- Les preuves de l'existence de deux circuits distincts du sourire proviennent de l'étude de patients souffrant de lésions cérébrales. Par exemple, lorsqu'un accident vasculaire cérébral affecte le cortex moteur droit (qui régit les mouvements du côté gauche du corps), un patient ne peut produire qu'un sourire partiel du côté droit de son visage lorsqu'on le lui demande. Cependant, une émotion spontanée et joyeuse, telle que la vue d'un être cher, déclenchera un sourire complet et symétrique, car les ganglions de la base, responsables des sourires authentiques, ne sont pas affectés. À l'inverse, un accident vasculaire cérébral touchant les ganglions de la base d'un côté peut permettre à un patient de produire un sourire forcé et symétrique sur commande, mais son sourire naturel apparaîtra comme un demi-sourire, mettant en évidence les dommages causés au circuit du sourire émotionnel et authentique[8] . Ces cas illustrent le fait que notre cerveau possède deux circuits distincts pour contrôler les sourires volontaires et émotionnels.

Cerveau divisé : Un moi divisé ?

- Notre cerveau est divisé en deux hémisphères, le gauche et le droit, chacun contrôlant le côté opposé du corps. L'hémisphère gauche est principalement responsable du langage et du rythme, tandis que l'hémisphère droit est plus impliqué dans les tâches non verbales telles que la reconnaissance d'objets, d'émotions et de mélodies. Les deux hémisphères sont reliés par un épais faisceau de fibres nerveuses appelé corps calleux. Dans certains cas d'épilepsie grave, le corps calleux est sectionné chirurgicalement pour traiter les crises. Cette procédure empêche toutefois les hémisphères cérébraux de communiquer correctement, ce qui peut entraîner des symptômes inhabituels de dédoublement du cerveau.

- Une femme d'âge moyen a consulté un médecin parce que sa main gauche agissait parfois d'elle-même et tentait de l'étrangler. Elle devait fréquemment utiliser sa main droite pour retenir sa main gauche ou même s'asseoir dessus pour l'arrêter. Malgré ce comportement alarmant, elle semblait par ailleurs normale et ne présentait aucun signe de problème neurologique. Au départ, elle a été diagnostiquée à tort comme souffrant d'une maladie mentale ou d'hystérie. Cependant, un médecin a découvert que ses symptômes étaient dus à une lésion du corps calleux. Cette lésion, probablement due à un accident vasculaire cérébral, a perturbé les signaux inhibiteurs normaux entre l'hémisphère gauche logique et l'hémisphère droit plus émotionnel. En conséquence, l'hémisphère droit, qui contrôlait la main gauche de la femme, n'a plus été contrôlé et a agi de manière indépendante, montrant ce qui semblait être des tendances suicidaires. La main gauche de la femme a alors tenté de l'étrangler d'une manière apparemment incontrôlable .[8]

- Les chercheurs ont également découvert que lorsqu'un objet est montré à l'œil droit d'un patient au cerveau divisé (qui envoie des signaux à l'hémisphère gauche), le patient peut facilement le nommer, car l'hémisphère gauche est dominant pour le langage. En revanche, lorsqu'il est montré à l'œil gauche (qui envoie des signaux à l'hémisphère droit), le patient ne peut pas décrire verbalement l'objet, mais il peut toujours sélectionner l'objet correspondant avec sa main gauche. Lors d'une expérience célèbre avec un patient au cerveau divisé nommé "Joe", le mot "Texas" a été montré à son œil gauche (traité par l'hémisphère droit). Sa main gauche (également contrôlée par l'hémisphère droit) a alors dessiné un chapeau de cow-boy. Cependant, lorsqu'on a demandé à Joe pourquoi sa main gauche avait dessiné le chapeau, il n'a pas pu l'expliquer parce que son centre du langage (situé dans l'hémisphère gauche) n'avait reçu aucune information sur le mot .[9]

- Dans ces cas de patients au cerveau divisé, il semble qu'il y ait deux esprits conscients distincts dans le même corps, l'un régissant la parole et l'autre les actions non verbales comme pointer du doigt ou dessiner. Ces études montrent comment différentes régions du cerveau peuvent fonctionner indépendamment lorsqu'elles ne peuvent pas communiquer entre elles, ce qui donne lieu à des comportements fascinants et permet de comprendre comment notre conscience peut être divisée dans le cerveau.

La vision aveugle : L'observation inconsciente

- Nous dépendons fortement de notre vision pour percevoir le monde, et environ 90 % des informations transmises à notre cerveau proviennent d'entrées visuelles. Lorsque nous observons quelque chose, la lumière pénètre dans nos yeux et les images sont focalisées sur la rétine, qui contient des cellules photoréceptrices. Ces cellules convertissent la lumière en signaux électriques et chimiques qui sont transmis par le nerf optique au cortex visuel primaire, situé dans le lobe occipital à l'arrière du cerveau. Le cerveau traite ensuite ces signaux, créant ainsi une image visuelle. Toute perturbation de cette voie visuelle, y compris une lésion de la rétine ou du cortex visuel, peut entraîner la cécité.

- Cependant, les médecins ont rencontré des patients aveugles qui présentaient des comportements inhabituels. Un patient bien étudié, connu sous le nom de DB, a subi des dommages au cortex visuel lors d'une opération du cerveau pour traiter des maux de tête. Bien que ses yeux soient sains, DB était incapable de voir consciemment quoi que ce soit dans la moitié gauche de son champ visuel. Tout ce qui se trouvait à gauche de son nez était complètement invisible, comme si un rideau avait été tiré sur ce côté de sa vision. Même s'il croyait ne rien voir dans cette zone, ses actions suggéraient le contraire. Il pouvait tendre la main et saisir un objet dans son angle mort, comme s'il était guidé par une forme de "seconde vue", même s'il n'avait pas conscience de l'avoir vu. Lorsque des psychologues ont placé des objets devant la tache aveugle de DB et lui ont demandé de les pointer du doigt ou de déterminer leur orientation, il a insisté sur le fait qu'il ne voyait rien. Pourtant, lorsqu'on lui demandait de deviner, il était étonnamment précis la plupart du temps, dépassant de loin le hasard[10] . Bien que la vision consciente de DB ait été altérée, son cerveau traitait encore certaines informations visuelles de manière inconsciente, ce qui lui permettait d'effectuer certaines tâches sans être conscient de voir.

- Un autre patient, connu sous le nom de TN, a complètement perdu la vue après avoir subi deux attaques cérébrales qui ont endommagé le cortex visuel dans les deux hémisphères de son cerveau. Il en est résulté une cécité totale. Malgré cela, une expérience extraordinaire menée par l'équipe de Tamietto et Weiskrantz en

2008 a révélé que TN possédait toujours une remarquable capacité subconsciente à naviguer dans son environnement. Dans cette expérience, les chercheurs ont retiré la canne de TN et placé divers meubles dans un long couloir, créant ainsi des obstacles susceptibles de le faire trébucher. TN a été invité à marcher dans le couloir et, bien qu'il ait déclaré être incapable de voir, il a habilement contourné les objets lors de sa première tentative, évitant tous les obstacles sans se cogner. À la surprise des chercheurs, TN a affirmé par la suite qu'il n'était absolument pas conscient d'avoir vu ou évité les objets. Il pensait qu'il avait simplement traversé le couloir, sans avoir conscience de ses mouvements[11] . Ce cas démontre que, bien que TN ait perdu toute vision consciente en raison d'une lésion du cortex visuel, d'autres voies cérébrales en dehors du cortex visuel - appelées voies extra-striées - fonctionnaient toujours et guidaient son comportement.

- La recherche sur les patients atteints de cécité souligne que la conscience ne dit pas tout sur le fonctionnement de notre cerveau. Nous pensons souvent que nous prenons des décisions conscientes, mais notre cerveau peut décider avant que nous en soyons conscients. Ces patients montrent que même s'ils ne voient pas consciemment, le cerveau peut encore traiter les informations visuelles et guider leurs actions. Cela suggère que notre subconscient peut gérer des tâches complexes et que la conscience peut simplement résumer les informations traitées par le cerveau. Ces découvertes amènent les scientifiques à reconsidérer la façon dont nous comprenons la conscience, et l'étude de patients comme TN pourrait éventuellement aider à percer les mystères de sa véritable nature.

Les membres fantômes : Ils existent

- Un membre fantôme est l'expérience de ressentir encore un membre qui a été amputé. Il peut s'agir d'une douleur, d'une pression, d'une démangeaison ou d'autres sensations dans le membre manquant. Les sensations du membre fantôme peuvent sembler très réelles et il peut être facile de penser que le membre est toujours là. Les patients peuvent ressentir la présence fantomatique de doigts et d'orteils, et peuvent même accomplir des actions telles que tendre la main et saisir des objets. Les sensations de membre fantôme sont fréquentes et touchent environ 90 % des personnes amputées.

- Dans un cas frappant de sensations de membre fantôme, un patient ayant subi une amputation du bras a commencé à ressentir un bras fantôme peu de temps après l'opération, ce qui est courant. Cependant, après quelques semaines, il a commencé à ressentir une étrange sensation de rongement dans son membre fantôme. Curieux d'en connaître la cause, il a demandé à son médecin ce qu'il avait fait de son bras amputé, mais celui-ci n'était pas au courant et lui a suggéré de contacter le chirurgien. Après quelques appels téléphoniques, le patient a découvert que le bras amputé avait été envoyé au laboratoire de pathologie au lieu d'être incinéré. Malheureusement, comme le laboratoire de pathologie avait déjà beaucoup de bras amputés, il avait enterré le bras du patient dans le jardin derrière l'hôpital. Lorsque le patient a exhumé le bras, il l'a trouvé infesté d'asticots ! Le bras a ensuite été incinéré et la sensation de rongement fantôme du patient a disparu[8] . Cela indique-t-il un lien persistant entre le patient et son bras amputé ? La réponse reste difficile à trouver.

- Outre les membres fantômes dont souffrent les amputés, dans de rares cas, les patients ayant des membres normaux peuvent ressentir la présence d'un membre supplémentaire, connu sous le nom de membre fantôme surnuméraire (LPS). Dans une étude de cas, un homme de 78 ans a ressenti un membre fantôme surnuméraire après une hémorragie des ganglions de la base droite. À la suite d'un mal de tête soudain et d'une faiblesse du côté gauche de son corps, un scanner a révélé une hémorragie cérébrale s'étendant au thalamus. Le deuxième jour d'hospitalisation, le patient a commencé à ressentir un bras fantôme à côté de son bras gauche paralysé. Il ne pouvait ni voir ni toucher ce bras, mais le sentait vivement, déclarant qu'il ressemblait à son vrai bras par sa taille et sa forme. La sensation du bras fantôme était constante et n'était pas affectée par le fait de fermer les yeux ou de regarder son bras réel. Il est intéressant de noter que le patient pouvait bouger le bras fantôme volontairement, y compris l'agiter, le saisir et toucher des objets, avec une force comparable à celle de son bras droit sain. Cependant, il ne pouvait pas étendre le bras fantôme très loin ou sentir des gants placés sur sa vraie main gauche lorsqu'il essayait de les sentir avec le bras fantôme. Le patient n'a ressenti aucune douleur ou gêne, ni dans son vrai bras parétique, ni dans le bras fantôme. Son bras fantôme a disparu après 3 semaines .[12]

- Les scientifiques ont ensuite découvert que les sensations du membre fantôme apparaissent chez les amputés par le biais d'un processus appelé remaniement cortical dans le cerveau. Après une amputation, le cerveau ne reçoit plus d'informations sensorielles en provenance du membre manquant. Cependant, les zones du cerveau qui contrôlaient auparavant le membre ne restent pas inactives. Au contraire, ces régions sont "remplacées" par des zones voisines sur la carte sensorielle du cerveau. Dans le cas d'un patient nommé Tom, les sensations de sa main manquante étaient déclenchées lorsque certaines parties de son corps, comme son visage ou le haut de son bras, étaient touchées[8] . Ce phénomène s'explique par le fait que les zones sensorielles du visage et de la partie supérieure du bras sont situées à côté de la zone de la main dans le cortex sensoriel du cerveau. Après l'amputation, les nerfs sensoriels qui activaient habituellement le visage ou la partie supérieure du bras ont commencé à "envahir" la zone vacante de la main dans le cerveau. Ce processus de remappage a fait que les sensations tactiles du visage ou de la partie supérieure du bras ont été "ressenties" dans la main manquante, créant ainsi une sensation de membre fantôme.

- Il est intéressant de noter que les médecins ont découvert que les miroirs peuvent parfois soulager les douleurs gênantes d'un membre fantôme, en particulier après l'amputation d'une main ou d'un bras. En plaçant un miroir de manière à refléter le membre sain du patient et en demandant à ce dernier de bouger ce membre, on crée l'illusion que le membre fantôme bouge également. Cette technique incite le cerveau à percevoir le membre manquant comme étant présent, ce qui fournit un retour d'information positif au cortex moteur et contribue à réduire la douleur. Récemment, d'autres approches telles que la réhabilitation multisensorielle cognitive (CMR) ont été développées pour aider à restaurer la représentation multisensorielle du corps et réduire la douleur du membre fantôme chez les patients .[13]

L'homme sans mémoire

- H.M. (1926-2008) est l'un des cas les plus célèbres dans le domaine des neurosciences pour la recherche sur la mémoire. À l'âge de 7 ans, H.M. a subi un accident de vélo qui a entraîné une grave épilepsie. À l'âge de 27 ans, ses crises sont devenues si invalidantes qu'il ne peut plus mener une vie normale. En 1953, il a subi une opération expérimentale du cerveau pour contrôler ses graves crises. L'opération consistait à retirer des parties importantes de son lobe temporal, y compris les deux côtés d'une structure cérébrale appelée hippocampe. Bien que l'opération ait permis de réduire les crises, les médecins ont découvert que H.M. avait perdu la capacité de former de nouveaux souvenirs à long terme, une condition connue sous le nom d'amnésie antérograde. H.M. ne se souvenait que des événements antérieurs à l'opération, alors que sa mémoire à court terme (comme se souvenir d'un numéro de téléphone pour passer un appel) et sa mémoire procédurale (qui intervient dans l'apprentissage de compétences telles que la conduite d'un vélo) étaient restées intactes. Fait remarquable, H.M. pouvait encore résoudre des mots croisés en utilisant les connaissances qu'il avait acquises avant l'opération de 1953. Le cas de H.M. a permis de comprendre le rôle de l'hippocampe dans la formation de la mémoire.

- En revanche, d'autres cas de patients démontrent que la perte de mémoire peut également être rétrograde, c'est-à-dire qu'elle peut concerner des souvenirs plus anciens. Un cas notable est celui de S.B., un ancien joueur de la NFL qui a subi un traumatisme crânien en 2008 après avoir glissé dans une salle de bain. Cette blessure a entraîné la perte quasi-totale des souvenirs antérieurs à l'incident, un état connu sous le nom d'amnésie rétrograde. Il a été incapable de se souvenir de 46 ans de sa vie, notamment de son identité, de sa femme, de ses enfants et de sa carrière. Il ne comprenait même plus le mot "femme" et n'avait aucun souvenir des événements importants de sa vie, comme sa carrière de footballeur ou la naissance de ses enfants. Il ne pouvait pas reconnaître sa famille ou sa maison et avait même oublié comment démarrer sa voiture. Au fil du temps, S.B. a pu reconstituer son passé grâce à des histoires et des photos partagées par sa femme et ses amis, mais il n'a toujours pas retrouvé l'intégralité de ses souvenirs. Les médecins ont déterminé que son cerveau ne recevait plus de sang dans le lobe temporal droit (où se trouve l'hippocampe), une zone clé pour le stockage de la mémoire, ce qui rendait son état probablement irréversible[14]. Contrairement à l'amnésie antérograde, qui empêche la formation de nouveaux souvenirs, S.B. peut créer de nouveaux souvenirs, mais ne peut pas se rappeler la plupart de ses vies antérieures.

- Grâce à ces patients, les scientifiques ont pu découvrir les régions du cerveau essentielles à la formation et à la récupération de la mémoire. Nous savons aujourd'hui que les lésions du lobe temporal médian du cerveau, en particulier de l'hippocampe, sont principalement responsables de l'amnésie antérograde et rétrograde, car cette région est essentielle à la consolidation et à la récupération de la mémoire. Dans l'amnésie antérograde, où les patients ne peuvent pas former de nouveaux souvenirs après la lésion cérébrale, la déficience est plus fortement liée à l'hippocampe lui-même. En revanche, dans l'amnésie rétrograde, où les patients perdent des souvenirs antérieurs à la lésion cérébrale, les lésions peuvent se situer dans les zones environnantes du lobe temporal médian, telles que le gyrus parahippocampique.

- En fait, la perte de mémoire est plus fréquente qu'on ne le pense. Elles sont fréquentes chez les personnes âgées et les patients atteints de démence (comme ceux qui souffrent de la maladie d'Alzheimer). On estime que 40 % des personnes âgées de plus de 65 ans et la quasi-totalité des patients atteints de la maladie d'Alzheimer souffrent d'une forme ou d'une autre de perte de mémoire. Toutefois, les scientifiques estiment que dans ces cas, les souvenirs ne sont pas vraiment perdus, mais que nous perdons plutôt la capacité de les récupérer. Si tel est le cas, existe-t-il un moyen de retrouver l'accès à ces souvenirs ?

- Des études récentes suggèrent que c'est possible. En 2015, des neuroscientifiques du MIT ont découvert que les souvenirs "perdus" à cause de l'amnésie peuvent être réactivés par la lumière, grâce à une technique appelée optogénétique. L'équipe du MIT, dirigée par Susumu Tonegawa, a utilisé l'optogénétique pour manipuler les neurones à l'aide de la lumière. Ils ont démontré que les souvenirs sont stockés dans des groupes de cellules cérébrales appelées cellules d'engrammes de mémoire, qui subissent des changements physiques ou chimiques lorsqu'un souvenir est formé. Les chercheurs ont montré que, bien que ces cellules mémorielles soient toujours présentes chez les sujets amnésiques, ces derniers ne peuvent pas se rappeler naturellement les souvenirs sans le renforcement synaptique nécessaire, connu sous le nom de potentialisation à long terme (PLT). L'équipe a mené des expériences sur des souris, bloquant la potentialisation à long terme à l'aide d'un médicament appelé anisomycine pour empêcher la consolidation de la mémoire après que les souris ont formé de nouveaux souvenirs. Les souris étaient incapables de se rappeler ces souvenirs naturellement ; cependant, lorsque les scientifiques ont activé les cellules de l'engramme directement avec de la lumière, les souris se sont pleinement rappelées le souvenir, prouvant qu'il n'était pas perdu mais simplement inaccessible[15] . Cette recherche révolutionnaire aborde un débat de longue date en neurosciences sur l'amnésie et montre qu'il est possible de traiter les pertes de mémoire en utilisant les bons déclencheurs.

Lobe frontal et personnalité : Il n'est plus lui-même

- Phineas Gage (1823-1860), un cheminot américain, a subi une lésion cérébrale traumatique en 1848, à l'âge de 25 ans. La blessure s'est produite alors que Gage préparait des explosifs pour la construction du chemin de fer. Une étincelle a mis le feu à la poudre, propulsant une tige de fer à travers sa joue gauche, derrière son œil gauche et à travers le sommet de son crâne, causant des dommages importants à son lobe frontal gauche. Bien que Gage ait survécu à la blessure et conservé sa mémoire et son intelligence générale, sa personnalité et son comportement ont subi une transformation radicale. Avant l'accident, il était connu pour être responsable, travailleur et apprécié. Cependant, après l'accident, il est devenu impulsif, irrévérencieux et enclin à des comportements inappropriés, ce qui a conduit ses amis à remarquer qu'il n'était "plus Gage". Malgré la gravité de sa blessure, Gage vécut encore 12 ans, travaillant même comme conducteur de diligence au Chili. Son crâne et la barre de fer sont aujourd'hui exposés à l'université de Harvard. Le cas de Gage reste l'un des plus célèbres dans le domaine des neurosciences et de la psychologie, car sa blessure a permis de mieux comprendre le rôle du lobe frontal dans la prise de décision, la régulation des émotions et le comportement social.

- Notre compréhension du rôle du lobe frontal dans la personnalité provient également de la pratique de la lobotomie. La lobotomie est une intervention chirurgicale qui coupe les connexions entre le lobe frontal et le thalamus. Elle était autrefois utilisée pour traiter les maladies mentales qui ne répondaient pas aux traitements habituels, comme les troubles obsessionnels compulsifs (TOC), les maladies dépressives graves, les psychoses, la schizophrénie, les psychoses maniaco-dépressives (aujourd'hui appelées troubles bipolaires), les névroses chroniques et la personnalité psychopathique. L'idée était qu'en déconnectant les parties "hyperactives" du cerveau, les médecins pouvaient réduire les symptômes tels que l'anxiété, les sautes d'humeur et l'agressivité. Mise au point dans les années 1930 et 1940, la lobotomie a été couramment pratiquée au milieu du 20e siècle. Cependant, elle a rapidement été critiquée pour ses effets secondaires graves et souvent irréversibles, notamment les profondes modifications de la personnalité et du fonctionnement intellectuel des patients. Après l'introduction du premier médicament antipsychotique, la chlorpromazine (initialement conçue comme un "tranquillisant"), en 1951, le nombre de lobotomies pratiquées a considérablement diminué avant que la procédure ne soit largement abandonnée.

- Le cas d'Howard Dully illustre les effets négatifs potentiels de la lobotomie. Howard Dully a subi une lobotomie transorbitaire à l'âge de 12 ans, en 1960. L'opération a été pratiquée par le docteur Freeman et a suscité une vive controverse, car Dully n'avait pas été diagnostiqué comme souffrant d'une maladie mentale grave ; sa belle-mère l'a décrit comme étant difficile à gérer. Sa belle-mère le décrivait comme difficile à gérer. Elle affirmait qu'il était provocateur et Freeman a accepté l'intervention, même si Dully ne répondait pas aux critères typiques d'une chirurgie aussi radicale. La lobotomie a ciblé le cortex préfrontal de Dully, la région du cerveau responsable de la prise de décision, de la régulation des émotions et du contrôle des impulsions. En coupant les connexions dans cette zone, l'opération visait à le "calmer", mais elle a eu des répercussions durables. Après l'opération,

Dully a ressenti un engourdissement émotionnel et un manque d'engagement dans le monde. Il a souffert d'un déclin de ses fonctions cognitives, notamment de difficultés de concentration et de pensée critique. En outre, il a eu du mal à nouer des relations et son comportement social est devenu imprévisible[16] . Dully a été confronté à des problèmes d'alcoolisme, de sans-abrisme et de dépression. Cependant, au fil du temps, il a fait preuve d'une résilience remarquable et a progressivement atteint une plus grande stabilité dans sa vie. Plus tard, Dully a documenté son expérience dans ses mémoires, "*Ma lobotomie*", dans le but d'éduquer les autres sur les risques de la psychochirurgie et de plaider en faveur de l'amélioration des soins de santé mentale.

- Nos connaissances actuelles sur le lobe frontal nous aident à mieux comprendre le développement émotionnel et le comportement des adolescents. Les adolescents sont particulièrement enclins à adopter des comportements à risque tels que la conduite dangereuse, la consommation de drogues et la toxicomanie. La recherche a montré que le cerveau de l'adolescent, en particulier le lobe frontal, se développe lentement. Ce retard de développement, associé à la maturation précoce des centres de récompense du cerveau, explique en partie le comportement impulsif des adolescents. Le lobe frontal joue un rôle crucial dans la prise de décision et l'évaluation des risques ; son développement plus lent signifie que les adolescents sont biologiquement plus sensibles à la recherche du plaisir tout en ayant une capacité limitée à comprendre pleinement les risques potentiels. Des études indiquent que le cerveau de l'adolescent n'est développé qu'à 80 % environ, certaines régions n'atteignant leur pleine maturité que vers l'âge de 30 ans[17] . Ce calendrier de développement inégal contribue aux difficultés des adolescents en matière de planification et d'évaluation des risques. En tant que parents et éducateurs, il est important d'informer les adolescents sur le développement de leur cerveau afin de les aider à comprendre leur comportement, à reconnaître les schémas malsains et à être conscients des signes avant-coureurs potentiels de problèmes plus graves.

Le syndrome de l'hémoglobine : Ne mangez que la moitié droite de l'assiette

- A.B. a été victime d'un accident vasculaire cérébral le 5 novembre 2007 et sa vie a changé du tout au tout. Après l'AVC, il a commencé à négliger involontairement les objets, les personnes et les sons apparaissant sur son côté gauche. Lorsqu'il marche, il dévie vers la droite, frôlant les murs et les haies, apparemment inconscient des dangers potentiels sur sa gauche. Il est incapable de sortir seul en raison de ce manque de conscience à gauche. Sa négligence visuelle se répercute même sur les tâches les plus simples : il ne se rase que le côté droit du visage, laisse la nourriture intacte sur le côté gauche de son assiette et ne peint que la moitié des objets dans ses œuvres d'art, comme un cochon auquel il manque la moitié de la tête ou un rouge-gorge dont les détails ne se trouvent qu'à droite. Lors d'un test, il a marqué le centre d'une ligne de 25 cm à seulement 2 cm du bord droit, comme s'il ignorait la moitié gauche de la ligne. Même avec de l'entraînement, sa capacité à corriger ces erreurs ne s'est que légèrement améliorée .[18]

- Les médecins ont découvert que l'AVC d'A.B. avait endommagé son lobe pariétal droit, une région du cerveau située en haut et à l'arrière de la tête et responsable du contrôle de l'attention. Il est intéressant de noter que la vision d'A.B. est restée intacte ; sa vision du côté gauche fonctionnait parfaitement, mais son cerveau ne s'y est tout simplement pas "intéressé". Ce trouble est désormais connu sous le nom d'héminégligence (également appelée négligence unilatérale ou spatiale) et résulte généralement d'une lésion du lobe pariétal, souvent à la suite d'un accident vasculaire cérébral. L'une des principales caractéristiques de la négligence hémispatiale, dont A.B. fait preuve, est l'absence de conscience du déficit du côté gauche. Lorsqu'on lui demande de se concentrer sur le côté négligé, il ne comprend pas ce qui manque, car son cerveau n'enregistre pas l'absence. Ce manque de conscience rend l'affection particulièrement complexe et difficile.

- Les lésions du lobe pariétal droit sont les plus fréquentes et entraînent une négligence du côté gauche de l'espace. En effet, l'hémisphère droit du cerveau, en particulier le lobe pariétal droit, est responsable de l'attention portée aux deux côtés de l'espace. En revanche, le lobe pariétal gauche se concentre principalement sur le côté droit de l'espace, peut-être en raison de sa forte implication dans la compréhension du langage. Lorsque le lobe pariétal droit est endommagé, le cerveau perd sa capacité à se concentrer sur le côté gauche, tandis que le lobe pariétal gauche continue à se concentrer sur le côté droit. Cette asymétrie explique pourquoi la négligence du côté gauche (résultant d'une lésion pariétale droite) est plus fréquente et plus grave que la négligence du côté droit (résultant d'une lésion pariétale gauche), car l'hémisphère droit intact peut compenser en s'occupant des deux côtés lorsque le lobe pariétal gauche est endommagé.

- Les patients atteints d'héminégligence peuvent avoir des comportements surprenants et inattendus dans des situations extrêmes. Par exemple, bien qu'ils ignorent généralement les objets ou les personnes se trouvant sur leur côté gauche, ils peuvent réagir lorsque quelque chose d'important se produit dans cet espace. Un homme souffrant d'héminégligence, qui ignorait normalement son côté gauche, a constamment évité de heurter un chaton qui jouait près de la roue gauche de son fauteuil roulant, bien qu'il n'ait jamais reconnu verbalement la présence du chaton[19] . En outre, bien que ces patients présentent souvent une faiblesse des membres du côté gauche, ils peuvent parfois utiliser leurs membres gauches spontanément. Par exemple, même s'ils ont du mal à lever leur bras gauche sur commande, ils peuvent inconsciemment l'utiliser pour chasser une mouche sur leur visage ! Ces actions démontrent que si l'héminégligence affecte la conscience, les patients peuvent encore réagir à des stimuli du côté négligé dans certaines conditions, comme c'est le cas pour les personnes atteintes de cécité.

- Des scientifiques et des médecins ont étudié les moyens de réduire le biais du côté droit chez les patients souffrant d'héminégligence. Une étude a montré que la motivation pouvait améliorer les performances de ces patients. Dans une expérience, on a demandé à des patients d'encercler soit des pièces de monnaie, soit des boutons sur une page encombrée. Lorsqu'on leur a offert une récompense monétaire pour avoir encerclé des pièces de monnaie lors d'un second test, les patients ont montré une amélioration significative dans la tâche des pièces de monnaie, mais pas dans celle des boutons, qui n'était pas associée à une récompense[18] . Cela suggère que les incitations peuvent être un outil utile dans la rééducation après un accident vasculaire cérébral.

Vivre sans cerveau

- Dans une étude remarquable publiée dans le Lancet en 2007, des médecins ont rapporté le cas inhabituel d'un fonctionnaire français de 44 ans qui a vécu une vie normale en dépit d'une quantité extrêmement faible de tissu cérébral. Après avoir ressenti une faiblesse dans sa jambe gauche pendant deux semaines, le patient s'est rendu à l'hôpital. À sa grande surprise, les scanners cérébraux ont révélé une énorme cavité remplie de liquide occupant la majeure partie de son crâne, avec un élargissement significatif des ventricules latéraux, du troisième et du quatrième ventricules. Ces cavités du cerveau font normalement circuler le liquide céphalo-rachidien, qui est ensuite drainé. Cependant, dans le cas de cet homme, le liquide s'est accumulé, provoquant une condition connue sous le nom d'hydrocéphalie. Malgré l'absence de la majeure partie de son tissu cérébral, cet homme menait une vie normale - il était marié, avait deux enfants et avait un QI de 75, ce qui, bien qu'inférieur à la moyenne, n'était pas considéré comme un handicap mental[20] . Ce cas a surpris les médecins, illustrant la remarquable capacité du cerveau à s'adapter et à assurer des fonctions vitales essentielles.

- Ce n'était pas le premier cas de survie d'un patient sans structure cérébrale normale. En 1980, un article de Science intitulé "Is Your Brain Really Necessary ?" (Votre cerveau est-il vraiment nécessaire ?) décrivait un cas remarquable étudié par le Dr John Lorber, professeur de neurologie à l'université de Sheffield. Un brillant étudiant en mathématiques, doté d'un QI de 126, a été adressé à Lorber après que le médecin de son campus a remarqué que sa tête était légèrement plus grosse que d'habitude. Un scanner a révélé que l'étudiant n'avait presque plus de tissu cérébral - il ne restait que moins de 0,04 pouce (1 millimètre) de matière cérébrale au lieu des 1,77 pouces (45 millimètres) typiques d'un adulte normal[21] . Comme dans le cas précédent, l'élève souffrait d'hydrocéphalie, une affection dans laquelle le liquide céphalo-rachidien s'accumule à l'intérieur du crâne au lieu de circuler et de s'écouler correctement. Cependant, malgré cette affection, qui est généralement mortelle dans la petite enfance, l'élève a vécu une vie normale et a même obtenu son diplôme de mathématiques avec mention. Ce cas a remis en question la conception traditionnelle des fonctions cérébrales, en mettant en évidence l'extraordinaire capacité d'adaptation du cerveau.

- Le cas le plus frappant est celui de Trevor Judge Waltrip, un garçon né sans cerveau qui est décédé en 2014 à l'âge de 12 ans. Trevor est né la veille de Noël 2001 avec une hydranencéphalie, une maladie rare dans laquelle les hémisphères cérébraux sont complètement absents et remplacés par des sacs remplis de liquide céphalorachidien. Il n'avait qu'un tronc cérébral, qui lui permettait de respirer, de maintenir un rythme cardiaque et de réagir à certains stimuli, mais il était aveugle et incapable de communiquer verbalement. Bien que les médecins aient prédit qu'il ne survivrait pas au-delà de 12 semaines, Trevor a défié les probabilités et a vécu pendant 12 ans[22] . Sa mère a noté qu'il était alerte, qu'il n'aimait pas être seul et qu'il était capable de percevoir son environnement. L'état de Trevor n'avait pas de remède connu, et il avait besoin d'une sonde d'alimentation et d'une thérapie physique. Le cas de Trevor a incité les scientifiques à reconsidérer le rôle du cerveau dans nos vies, soulevant de profondes questions sur les composantes essentielles de la conscience humaine.

Consciemment végétatif : Je sais ce qui se passe

- En 2024, une étude surprenante publiée dans le New England Journal of Medicine révèle qu'au moins 25 % des personnes souffrant de graves lésions cérébrales et qui semblent ne pas réagir physiquement sont en fait conscientes et conscientes de leur environnement. Cette découverte remet en question les hypothèses antérieures sur la conscience des patients végétatifs et met en évidence le phénomène connu sous le nom de dissociation cognitivo-motrice, dans lequel les individus peuvent réagir mentalement mais pas physiquement. Cette étude multicentrique a impliqué six établissements médicaux dans quatre pays : Belgique, France, Royaume-Uni et États-Unis. À l'aide de techniques d'imagerie cérébrale avancées, notamment l'imagerie par résonance magnétique fonctionnelle (IRMf) et l'électroencéphalographie (EEG), les chercheurs ont mesuré l'activité cérébrale en réponse à des tâches mentales, telles que s'imaginer en train de jouer au tennis. Bien qu'incapables de répondre physiquement, environ un quart des 241 patients végétatifs ont montré une activité cérébrale constante pendant ces exercices, ce qui indique qu'ils pouvaient entendre et comprendre les ordres[23] . L'étude souligne l'importance de réévaluer les stratégies de traitement et les décisions éthiques concernant le maintien en vie des patients souffrant de lésions cérébrales. Les scientifiques suggèrent que les interfaces cerveau-ordinateur (BCI) pourraient permettre à ces patients de mieux communiquer avec leur environnement.

- Ce n'est pas la première fois que des scientifiques découvrent que des patients présumés inconscients peuvent répondre à des commandes et à des stimuli. En 2010, une étude dirigée par le Dr Adrian Owen de l'université de Cambridge et de l'université de Liège en Belgique s'est intéressée à un homme de 29 ans qui était dans un état végétatif depuis sept ans à la suite d'une lésion cérébrale traumatique causée par un accident de voiture. Bien qu'il ne présente aucun signe extérieur de conscience, les médecins ont été surpris de constater qu'il pouvait communiquer grâce à l'activité cérébrale mesurée par un scanner IRMf (imagerie par résonance magnétique fonctionnelle). En utilisant une technique innovante, les médecins ont demandé au patient de penser à jouer au tennis pour indiquer "oui" et d'imaginer qu'il se promenait chez lui pour indiquer "non". Le patient a pu répondre avec précision à une série de questions sur sa famille en générant l'activité cérébrale correspondante[24] . Cette découverte révolutionnaire a révélé que le patient n'était pas dans un état végétatif, mais qu'il avait un esprit pleinement fonctionnel piégé dans un corps qui ne réagissait pas.

- En 2006, une autre étude de l'équipe du Dr Owen a porté sur une femme de 23 ans qui avait été dans un état végétatif pendant cinq mois à la suite d'un accident de voiture. Grâce à l'imagerie par résonance magnétique fonctionnelle

(IRMf), les chercheurs ont constaté que cette femme pouvait répondre à des commandes en activant des régions cérébrales spécifiques lorsqu'on lui demandait d'imaginer qu'elle jouait au tennis ou qu'elle se promenait dans sa maison. Son activité cérébrale était similaire à celle de volontaires sains effectuant les mêmes tâches, ce qui indique qu'elle pouvait comprendre et suivre des instructions vocales bien qu'elle soit incapable de communiquer par la parole ou le mouvement[25] . Les chercheurs ont conclu que la femme était consciente d'elle-même et de son environnement, même si elle semblait être dans un état végétatif.

- Ces études ont incité les scientifiques à réexaminer la définition de la conscience et la manière dont elle est évaluée, en particulier chez les patients souffrant de graves lésions cérébrales. Elles ont remis en question la conception traditionnelle des états végétatifs, suggérant qu'un nombre important de patients pourraient être conscients mais ne pas avoir la capacité de l'exprimer. L'équipe du Dr Owen a notamment découvert que quatre des 23 patients testés présentaient une activité cérébrale détectable, ce qui implique qu'un patient sur cinq diagnostiqué comme étant dans un état végétatif pourrait potentiellement être conscient. Ces résultats ont des implications considérables pour le domaine médical, car ils soulignent la nécessité d'améliorer les outils de diagnostic et offrent l'espoir que ces patients pourront un jour communiquer plus directement leurs pensées et leurs sentiments.

Le syndrome d'Alice au pays des merveilles : Ma tête est si grosse

- Le syndrome d'Alice au pays des merveilles (AIWS) est une affection neurologique caractérisée par de graves distorsions de la perception de la taille, de la forme et de l'espace du corps. Ces distorsions sont souvent associées à des migraines, à l'épilepsie ou à d'autres troubles cérébraux. Le syndrome, nommé par le psychiatre John Todd en 1955, tire son nom des *Aventures d'Alice au pays des merveilles de* Lewis Carroll, en raison des similitudes entre les symptômes de l'affection et les distorsions de taille surréalistes décrites dans le livre. Les premiers rapports médicaux faisant état d'hallucinations similaires remontent à 1904, les patients percevant des objets ou des parties du corps comme significativement plus grands ou plus petits qu'ils ne le sont en réalité. Ces hallucinations étaient souvent brèves et inoffensives, mais elles pouvaient persister et provoquer une désorientation.

- Dans un cas, une secrétaire de 23 ans a éprouvé une sensation troublante lors de migraines sévères : sa tête semblait prendre une taille énorme et flotter vers le plafond, alors qu'elle était certaine qu'elle était toujours attachée à son cou. À la suite de ces épisodes, elle s'est sentie anormalement grande et a cru qu'elle dominait les gens en marchant dans la rue, avant d'être choquée par son reflet réel, qui montrait sa taille normale de moins d'un mètre quatre-vingt-dix. Ce cas met en évidence le décalage frappant entre l'image corporelle perçue et la réalité, provoquant des sentiments intenses de désorientation et de peur.

- Dans un autre cas, une femme au foyer de 38 ans a rapporté que pendant ses migraines, certaines parties de son corps semblaient grandir ou se déformer - par exemple, son cou s'allongeait, ou sa hanche ou son flanc semblaient se dilater. Parfois, elle avait l'impression de rétrécir et de ne plus mesurer qu'un mètre. Bien qu'elle ait pu expliquer que ses perceptions étaient fausses en se regardant dans un miroir, la vivacité des distorsions était troublante et soulignait la profonde déconnexion entre la perception visuelle et la réalité corporelle chez les personnes atteintes du syndrome d'alcoolisation fœtale.

- Le SAPI est une maladie rare, avec moins de 200 cas rapportés dans la littérature médicale depuis sa dénomination en 1955. Bien qu'elle soit plus fréquente chez les enfants, avec un âge moyen d'apparition autour de neuf ans, et qu'elle soit généralement associée à des migraines, l'AIWS peut également toucher les adultes. Environ 15 % des adultes migraineux présentent des symptômes du syndrome. D'autres facteurs déclenchants ont été signalés, notamment des infections comme le virus d'Epstein-Barr (qui peut entraîner une encéphalite), des tumeurs cérébrales, des hémorragies cérébrales, des accidents vasculaires cérébraux, la scarlatine, la schizophrénie et la privation sensorielle. Dans de rares cas, le SAPI a été associé à l'hypnothérapie et à des états de conscience altérés, tels que les états hypnagogiques ou hypnopompiques.

- L'AIWS est restée largement obscure jusqu'à ce que les progrès récents de la neuro-imagerie aident les scientifiques à étudier la relation entre l'activité cérébrale et la perception. La recherche a révélé que le SAPI est un trouble de la perception lié à une activité cérébrale anormale, en particulier dans les régions responsables du traitement des informations sensorielles, telles que les lobes pariétal, occipital et temporal. Des perturbations dans ces régions peuvent entraîner une distorsion de la perception visuelle et corporelle, affectant la manière dont les patients perçoivent leur propre corps et le monde qui les entoure. Par exemple, les migraines et l'épilepsie peuvent modifier le flux sanguin ou l'activité électrique dans le cerveau, entraînant une mauvaise interprétation des données sensorielles, ce qui se traduit par des distorsions spatiales et de taille bizarres, caractéristiques de l'AIWS . [26]

L'anosognosie : Que voulez-vous dire ? Je m'en sors très bien !

- Mme Dodds, victime d'un accident vasculaire cérébral, a subi une paralysie du côté gauche de son corps en raison de lésions dans l'hémisphère droit de son cerveau. Malgré cela, elle a fait preuve d'anosognosie, un état caractérisé par l'absence de conscience ou le déni de sa paralysie. Bien que mentalement lucide et consciente de son accident vasculaire cérébral, Mme Dodds a insisté sur le fait qu'elle pouvait marcher et utiliser ses deux mains, même si son côté gauche restait immobile. Lorsqu'on lui a demandé d'effectuer des tâches telles que toucher le nez du médecin ou applaudir, elle a affirmé les avoir accomplies, bien que son bras gauche soit resté immobile. Dans les cas extrêmes, les patients comme Mme Dodds peuvent confabuler, c'est-à-dire s'imaginer qu'ils bougent un membre paralysé et croire sincèrement qu'ils accomplissent des tâches. Lorsque le médecin a proposé à Mme Dodds une petite récompense pour une tâche à une main (enfiler une ampoule) ou une récompense plus importante pour une tâche à deux mains (faire des lacets), Mme Dodds a toujours choisi la tâche à deux mains. Elle s'efforçait alors de faire les lacets en utilisant uniquement sa main droite, inconsciente de ses limites. Plus tard, lorsqu'on lui a posé la question, elle a affirmé avec assurance qu'elle avait réussi à faire les lacets avec "les deux mains" ![8]

- Les neurologues ont d'abord considéré que le cas de Mme Dodds était lié à l'héminégligence, un état dans lequel les patients ignorent le côté gauche de leur corps et de leur environnement en raison de lésions dans l'hémisphère droit du cerveau (comme nous l'avons vu précédemment). Cependant, lorsque les médecins ont temporairement "paralysé" le bras droit sain d'une patiente déniaisée nommée Betty, des résultats surprenants sont apparus. On a demandé à Betty de bouger sa main droite dans une boîte à miroir, tandis que le miroir affichait le reflet de la main immobile d'un assistant caché. Bien qu'elle ait vu la main immobile sur son côté droit, Betty a insisté sur le fait qu'elle voyait une main en mouvement. Cela suggère que les patients souffrant de déni diffèrent de ceux souffrant d'héminégligence, qui n'affecte que le côté gauche, mais pas le côté droit. Il est intéressant de noter que les patients souffrant d'anosognosie peuvent nier sélectivement la paralysie tout en reconnaissant d'autres pathologies, comme le diabète, ce qui indique que l'anosognosie n'est pas un déni global de toutes les pathologies, mais qu'elle est plutôt spécifique à la perception corporelle.

- Cependant, les médecins peuvent parfois utiliser des stratégies pour aider les patients anosognosiques à reconnaître leur paralysie. Par exemple, dans le cas d'une patiente nommée Nancy, les médecins ont abordé son déni de la paralysie par le biais d'une expérience psychologique intrigante. Comme d'autres personnes souffrant d'anosognosie, Nancy n'était pas consciente de la paralysie de son bras gauche. Pour déterminer s'il était possible de surmonter son déni en modifiant son système de croyances, le médecin a procédé à un examen neurologique informel et a fait semblant d'injecter dans son bras gauche un anesthésique "paralysant" (qui n'était en fait qu'une solution saline). Après l'injection, on a demandé à Nancy si elle pouvait bouger son bras gauche et, à la surprise du médecin, elle a admis qu'il ne bougeait pas, reconnaissant ainsi sa paralysie pour la première fois. Afin d'exclure la possibilité que cela soit simplement dû à l'influence persuasive du médecin ou à une suggestion hypnotique, la procédure a été répétée sur son bras droit (sain). Lorsqu'on lui a demandé si elle pouvait bouger son bras droit après l'"injection", Nancy a confirmé qu'il fonctionnait normalement, ne montrant aucun effet de l'injection placebo ! Il est intéressant de noter que lorsqu'on demande à des patients comme Nancy s'ils ont déjà nié leur paralysie, ils insistent sur le fait qu'ils ne l'ont jamais fait, comme s'ils avaient refoulé le souvenir de leur déni antérieur. Cela suggère que le déni associé à l'anosognosie peut être profondément ancré dans le système de croyances du patient, mais qu'il peut être temporairement influencé par des facteurs externes, tels que cette injection fictive.

- Grâce aux progrès de la technologie de la neuro-imagerie, les scientifiques et les médecins comprennent désormais les régions du cerveau affectées chez les patients souffrant d'anosognosie. L'anosognosie de l'hémiparésie, ou méconnaissance de la paralysie, survient généralement à la suite de lésions importantes dans l'hémisphère droit du cerveau, mais peut aussi résulter de lésions plus petites dans la zone pariétale droite. Bien qu'elle coexiste souvent avec d'autres syndromes de négligence, il s'agit d'une pathologie distincte. L'anosognosie résulte d'une atteinte de la capacité du cerveau à réconcilier les divergences dans les données sensorielles liées à l'image corporelle, que la partie du corps affectée se trouve du côté gauche ou du côté droit. Les recherches suggèrent que l'hémisphère gauche a tendance à négliger ces divergences, tandis que l'hémisphère droit est plus attentif aux incohérences et aux perturbations. Par conséquent, lorsque la zone pariétale droite est endommagée, l'hémisphère gauche prend le relais et amène le patient à croire que son image corporelle reste inchangée et saine.

L'illusion de Capgras : Mes parents sont des imposteurs

- Arthur allait à l'école à Santa Barbara lorsqu'il a eu un accident qui a changé sa vie. Sa voiture est entrée en collision avec une telle force que sa tête a heurté le pare-brise, le laissant dans le coma pendant trois semaines. Une fois qu'il a repris conscience, il a suivi une rééducation intensive, retrouvant finalement la parole, la mobilité et la mémoire des événements passés. Bien qu'il semble être revenu à la normale, il présente un délire spécifique : il croit que ses parents sont des imposteurs, et rien ne peut le convaincre du contraire. Il acceptait volontiers ses parents au téléphone (par la voix), mais chaque fois qu'il les voyait en personne, il insistait sur le fait qu'il s'agissait d'imposteurs se faisant passer pour ses parents. Cependant, Arthur n'avait aucun problème à reconnaître les visages de ses parents ou de n'importe qui d'autre dans sa vie, y compris ses amis, ses anciennes petites amies et ses camarades de chambre à l'université[8] . Cela suggère qu'Arthur n'était pas "fou" et que son délire était spécifique plutôt que le signe d'une instabilité mentale globale.

- Arthur a été diagnostiqué comme souffrant du délire de Capgras, un syndrome neurologique rare dans lequel les patients croient que leurs proches parents, époux, enfants ou frères et sœurs sont des imposteurs, bien qu'ils soient par ailleurs mentalement lucides. Ce délire inhabituel peut se manifester dans des conditions psychotiques telles que la schizophrénie, mais il se produit également dans plus d'un tiers des cas de lésions cérébrales traumatiques, comme celui d'Arthur. Le syndrome a été nommé d'après le psychiatre français Joseph Capgras, qui, avec Jean Reboul-Lachaux, l'a documenté pour la première fois en 1923. Leur étude décrivait une femme connue sous le nom de "Madame Macabre", qui était convaincue que son mari et d'autres personnes familières avaient été remplacés par des sosies.

- L'examen des patients atteints du syndrome de Capgras a révélé qu'un dysfonctionnement du lobe temporal, la région du cerveau responsable de la reconnaissance des visages et des objets, peut contribuer au développement du délire. Lorsque des zones spécifiques de la "voie du quoi" du lobe temporal sont endommagées, les individus peuvent perdre la capacité de reconnaître des visages familiers, un phénomène illustré dans le livre d'Oliver Sacks *L'homme qui prenait sa femme pour un chapeau*. En règle générale, ces zones de reconnaissance communiquent avec le système limbique, qui génère des réponses émotionnelles aux visages familiers. Dans le cas d'Arthur, la voie de reconnaissance des visages est restée intacte, ce qui lui a permis d'identifier visuellement ses parents. Cependant, la connexion critique entre cette zone de reconnaissance et son amygdale, la structure cérébrale responsable des réponses émotionnelles, a été endommagée. En conséquence, Arthur pouvait reconnaître ses parents mais ne ressentait aucun lien émotionnel avec leurs visages, ce qui l'a conduit à la conclusion angoissante qu'ils étaient des imposteurs.

- En 2010, des scientifiques ont proposé une théorie révisée du syndrome de Capgras pour suggérer une explication plus ciblée. Cette théorie postule que notre cerveau crée des "représentations hybrides" des personnes que nous connaissons bien, comprenant deux composantes distinctes : l'une pour les traits externes (apparence, voix) et l'autre pour les traits internes (personnalité, émotions, préférences). Selon cette théorie, le syndrome de Capgras survient lorsque la composante interne est endommagée ou inaccessible, ce qui fait que la personne semble physiquement correcte mais se sent émotionnellement "décalée", comme un imposteur. Cette explication correspond mieux aux expériences réelles des patients et répond aux inconvénients de la théorie précédente, car elle explique pourquoi un manque de reconnaissance émotionnelle, tel qu'observé chez les patients souffrant de lésions de l'amygdale (voir Guerrier sans peur), ne conduit pas toujours à des délires de Capgras.

La malédiction de l'indolore (une anomalie du système nerveux périphérique mais qui mérite d'être mentionnée !)

- Bien que nous détestions généralement la douleur et que nous fassions de notre mieux pour l'éviter, certaines personnes ne la ressentent jamais. Edward Gibson, artiste de vaudeville dans les années 1930, était l'une de ces personnes. Bien qu'il ait subi de graves blessures, comme un coup de pioche au visage, une blessure par balle au doigt, une fracture du nez, de profondes coupures au genou et des brûlures, il n'a jamais ressenti la douleur. Il pouvait même supporter l'enfoncement de 50 à 60 épingles dans son corps et s'est déjà fait enfoncer un clou dans la main sans ressentir la moindre gêne. Stefan Betz, étudiant à l'université en Allemagne, souffre d'une maladie similaire qui l'empêche de ressentir la douleur. Il peut plonger ses mains dans l'eau bouillante ou subir une intervention chirurgicale sans anesthésie. À l'âge de cinq ans, il s'est mordu le bout de la langue et s'est ensuite fracturé le pied, mais il n'a ressenti aucune gêne. Betz ne se souvient pas du nombre de fois où il s'est rendu à l'hôpital. Il souffrait d'une infection à la jambe gauche à la suite d'une fracture de l'os tibial subie en faisant du skateboard. Il a depuis appris à faire semblant d'avoir mal pour se dissuader de s'engager dans des activités dangereuses et de causer d'autres dommages .[27]

- Edward Gibson et Stefan Betz font partie des quelques centaines de personnes au monde qui souffrent d'une maladie connue sous le nom d'insensibilité congénitale à la douleur, ou ICD. Il s'agit d'une maladie génétique rare qui a été documentée pour la première fois en 1932. Les personnes atteintes de l'ICD conservent des réponses sensorielles normales, telles que la perception de la température, mais adoptent souvent des comportements autodestructeurs qui peuvent conduire à une mort prématurée. Par exemple, un jeune Pakistanais est devenu célèbre pour avoir marché sur des charbons ardents et s'être poignardé sans douleur, mais il est mort tragiquement après avoir sauté d'un toit. De nombreux patients atteints de CIP sont confrontés à des risques importants, notamment des lésions articulaires, des infections et des décès accidentels.

- Les scientifiques ont découvert que les patients atteints de la PIC sont porteurs de mutations dans le gène SCN9A. Ces mutations perturbent le canal sodique Nav1.7, responsable de la perception de la douleur. Cette découverte a suscité un vif intérêt pour le développement de médicaments ciblant ce canal sodique, ce qui pourrait soulager les patients souffrant de douleurs neuropathiques et d'arthrose. En outre, les chercheurs ont identifié le gène PRDM12, qui régule l'activité des neurones de la douleur, comme une autre cible prometteuse pour les thérapies de la douleur. Même si les patients de la CIP ne bénéficient pas directement de ces avancées, leur participation à la recherche permet de mieux comprendre les mécanismes de la douleur et de mettre au point des médicaments pour la soulager.

6.5 Amélioration du cerveau grâce à l'intelligence artificielle (IA) : Ami ou ennemi ?

Devenir un surhomme : l'IA au service de l'homme

- Peut-on parvenir à une communication sans parole ? L'IA est en train de le rendre possible. En 2018, des chercheurs du MIT ont mis au point une interface informatique appelée projet AlterEgo, capable de transcrire les mots que les utilisateurs "prononcent silencieusement" dans leur esprit. Le système utilise un dispositif portable avec des électrodes placées sur le visage et la mâchoire pour détecter les signaux neuromusculaires subtils générés par les verbalisations internes. Ces signaux sont ensuite traités par un algorithme d'apprentissage automatique qui les associe à des mots spécifiques[28] . Cette technologie permet aux utilisateurs d'interagir avec des tâches informatiques sans parler ni utiliser d'interface visible. En outre, l'appareil intègre des écouteurs à conduction osseuse, qui transmettent le son à travers les os du visage, ce qui permet aux utilisateurs de recevoir des informations discrètement sans obstruer leur ouïe. L'une des principales applications du projet AlterEgo a été une partie d'échecs silencieuse, au cours de laquelle les utilisateurs ont pu communiquer leurs mouvements et recevoir des recommandations de l'ordinateur sans les exprimer vocalement. L'objectif ultime est de créer une plateforme d'augmentation de l'intelligence transparente qui intègre la cognition humaine et la puissance informatique. Les prototypes actuels ne nécessitent que quatre électrodes, et des études ont montré un taux de précision de transcription de 92 %. Cette technologie présente un immense potentiel pour les applications dans les environnements bruyants, les scénarios nécessitant une communication silencieuse (par exemple, les opérations spéciales) et l'assistance aux personnes souffrant de troubles de la parole, telles que celles qui ont perdu leurs capacités vocales.

- Le pouvoir de l'IA ne s'arrête pas là. En 2024, le groupe de recherche Fluid Interfaces du MIT, dirigé par la scientifique flamande Pattie Maes, met au point une interface cerveau-ordinateur (BCI) qui permet aux utilisateurs de contrôler des objets à l'aide de leur esprit. L'appareil, qui ressemble à une paire de lunettes, utilise des capteurs pour lire l'activité des ondes cérébrales par le biais de l'électroencéphalogramme (EEG) et suivre les mouvements des yeux. Cette technologie permet de déterminer la concentration et l'attention de l'utilisateur, ce qui pourrait contribuer au traitement de maladies telles que le trouble déficitaire de l'attention/hyperactivité (TDAH) en fournissant un retour d'information sur l'attention. Plus important encore, elle est prometteuse pour les personnes souffrant de handicaps graves, comme la sclérose latérale amyotrophique (SLA) à un stade avancé, en leur permettant de communiquer par le biais des signaux de leur cerveau. Par exemple, les patients pourraient regarder des lettres pour épeler des mots, qui seraient ensuite prononcés par une application[29] . Maes, pionnière de l'augmentation humaine, donne la priorité à l'amélioration de l'intelligence humaine plutôt qu'au développement de machines qui la surpassent. Elle préconise l'utilisation de la technologie pour augmenter les capacités humaines, en donnant aux gens les moyens de réaliser ce qui est actuellement hors de leur portée. Cette vision contraste avec l'approche d'entreprises comme OpenAI et Google, qui se concentrent sur la création de machines intelligentes. Mme Maes estime que l'augmentation des capacités humaines est une voie plus convaincante, qui vise à transformer les individus en "surhommes" plutôt qu'à faire en sorte que l'IA remplace les rôles humains.

- Par ailleurs, l'IA présente également un énorme potentiel pour l'amélioration de nos soins de santé. Neuralink, l'un des principaux développeurs de la technologie d'interface cerveau-ordinateur (BCI), a récemment présenté ses progrès dans une vidéo mettant en scène le premier humain ayant bénéficié de son dispositif BCI. Le bénéficiaire, un homme de 29 ans paralysé à partir des épaules, a démontré sa capacité à jouer aux échecs sur ordinateur en contrôlant un curseur avec son esprit - un exploit similaire à des expériences menées en 2006, mais réalisé avec une technologie nettement plus sophistiquée. L'implant, sans fil et discret, est constitué d'un moyeu de la taille d'une pièce de monnaie placé dans le crâne et de 64 fils flexibles insérés dans le cortex moteur pour enregistrer l'activité neuronale. Bien que les problèmes initiaux liés à la stabilité des électrodes aient nécessité des ajustements, la nouvelle conception reflète les progrès réalisés en matière d'intégration transparente entre le cerveau et l'ordinateur[30] . Neuralink, motivé par l'ambition de son fondateur Elon Musk d'améliorer et de restaurer les fonctions cérébrales, a défini des objectifs pour les futurs BCI afin de traiter des pathologies telles que la psychose, les crises d'épilepsie et la perte de mémoire, avec des applications potentielles impliquant l'intégration de l'IA. Malgré ces avancées, les experts appellent à la prudence, soulignant la nécessité de prendre en compte les considérations éthiques avant de généraliser l'application à l'homme.

- Si Neuralink fait les gros titres dans le domaine de l'interface cerveau-ordinateur, plusieurs autres entreprises réalisent des avancées significatives avec des approches diverses. Synchron, par exemple, basée à New York, a déjà implanté son dispositif chez dix personnes et a lancé un registre de patients en vue d'un essai clinique de plus grande envergure. L'entreprise est soutenue par des investisseurs de premier plan tels que Bill Gates et Jeff Bezos. Bien que la plupart des entreprises de ce secteur visent à aider les personnes incapables de bouger ou de parler en captant l'activité cérébrale afin d'interpréter les intentions de l'utilisateur, leurs méthodes varient en termes d'invasivité. Neuralink et Paradromics, par exemple, optent pour l'insertion d'électrodes profondes dans le cortex. Cela permet de capturer des données à haute résolution, ce qui facilite des tâches telles que le décodage de la parole. En revanche, le "Stentrode" de Synchron contourne la chirurgie ouverte du cerveau en plaçant des électrodes dans les vaisseaux sanguins au-dessus du cortex moteur. Quant au réseau Utah de Blackrock Neurotech, qui est au cœur de la recherche universitaire depuis 2004, il a reçu la désignation "Breakthrough" de la FDA. Cependant, il offre une largeur de bande de données inférieure à celle du dispositif de Neuralink. Un autre acteur émergent, Precision Neuroscience, utilise une méthode peu invasive avec un réseau d'électrodes fin qui glisse sur le cortex. Motif Neurotech, quant à lui, cherche à mettre au point un dispositif non invasif innovant, axé sur le traitement des troubles de l'humeur plutôt que sur le décodage de données complexes. Avec des progrès aussi rapides, le contrôle de la technologie par la pensée ne relève plus de la science-fiction, même si les objectifs de transformation plus larges fixés par des entreprises comme Neuralink restent lointains.

Préoccupations liées à l'IA : Le risque de domination et de déplacement

- En mars 2016, l'algorithme d'IA AlphaGo, développé par DeepMind de Google, a remporté une victoire inédite en battant le meilleur joueur de Go au monde, Lee Sedol, par 4 à 1. La maîtrise de l'ancien jeu de Go est depuis longtemps considérée comme l'un des défis les plus difficiles à relever pour l'intelligence artificielle. Contrairement aux succès précédents de l'IA dans des jeux comme les échecs, qui reposaient sur des stratégies préprogrammées, AlphaGo a appris à jouer au Go à l'aide d'un algorithme d'apprentissage profond à usage général. Cette approche a permis à AlphaGo d'interpréter les schémas et les stratégies complexes du jeu de Go, qui comporte plus de configurations possibles qu'il n'y a d'atomes dans l'univers. Les performances remarquables d'AlphaGo sont mises en évidence par sa capacité à vaincre le champion européen de Go, Fan Hui, cinq fois de suite et par sa domination sur d'autres programmes informatiques, gagnant 99,8 % des parties. Ce qui rend ces résultats encore plus extraordinaires, c'est qu'AlphaGo joue d'une manière qui ressemble à l'intuition et à la stratégie humaines, plutôt que de s'appuyer purement sur la force brute de calcul[31] . Ce comportement semblable à celui de l'homme met en évidence la puissance de l'apprentissage profond et ses applications potentielles dans la résolution de problèmes complexes au-delà des jeux, tels que les diagnostics médicaux et la modélisation du climat.

- Malgré sa commodité, l'intelligence artificielle pose de plus en plus de problèmes. L'un d'entre eux est l'escroquerie par deepfake AI, qui cible des personnes réputées, telles que des scientifiques, avec des risques importants pour leur réputation et leur profession. Par exemple, l'urologue sud-africaine Kgomotso Mathabe a découvert une vidéo d'elle-même faisant la promotion d'un faux médicament, ce qui a donné lieu à des escroqueries financières et à une atteinte à sa réputation. De même, le diabétologue indien Viswanathan Mohan a fait l'objet d'attaques par deepfake, avec des vidéos le montrant faussement en train de promouvoir des produits à base d'herbes médicinales[32] . Ces vidéos générées par l'IA ont posé de nombreux problèmes sociaux et éthiques.

- L'essor rapide de l'IA remodèle également le marché du travail, créant à la fois des opportunités et des perturbations. Une enquête réalisée par ResumeBuilder en 2023 indique que 37 % des entreprises utilisant l'IA ont déjà remplacé des travailleurs, et 44 % prévoient des licenciements liés à l'IA en 2024. Cette tendance a un impact sur un large éventail d'industries, y compris les soins de santé, l'agriculture et la fabrication. De nombreux experts s'accordent à dire que l'IA automatisera entièrement certains emplois d'ici cinq à dix ans. Parmi les emplois particulièrement menacés figurent les représentants du service clientèle, les chauffeurs, les programmeurs informatiques, les analystes de recherche, les assistants juridiques, les ouvriers d'usine, les traders financiers, les conseillers en voyage, les rédacteurs de contenu (dans certains cas) et les concepteurs graphiques. Toutefois, certains emplois sont moins susceptibles d'être remplacés par l'IA en raison de leur nature intrinsèquement créative, empathique ou complexe. Il s'agit notamment des enseignants, des infirmières, des travailleurs sociaux, des thérapeutes, des bricoleurs, des avocats, des spécialistes des ressources humaines, des écrivains et des artistes . [33]

- Malgré les inquiétudes suscitées par l'automatisation, l'IA offre des avantages considérables sur le lieu de travail. Elle permet notamment de se concentrer sur des tâches plus stimulantes, d'améliorer l'efficacité et de raccourcir potentiellement les journées de travail, de prendre des décisions plus éclairées, d'améliorer les capacités d'innovation et de résolution de problèmes, et de fournir des interactions plus personnalisées avec les clients. En outre, l'IA crée de nouveaux emplois, en particulier dans les domaines de l'apprentissage automatique et de l'éthique de l'IA, car la surveillance humaine est essentielle pour former, contrôler et perfectionner les systèmes d'IA. L'impact de l'IA peut être comparé à la révolution industrielle, où les rôles professionnels ont changé et évolué plutôt que de disparaître, ce qui a conduit à de nouveaux types d'opportunités de travail. L'initiative "Shaping the Future of Work" du MIT, lancée le 22 janvier 2024 et dirigée par les professeurs Daron Acemoglu, David Autor et Simon Johnson, propose de développer des outils d'IA qui augmentent le nombre de travailleurs humains plutôt que de les remplacer. Cette approche vise à permettre aux travailleurs moins qualifiés d'assumer des tâches plus spécialisées et à créer un plus large éventail de possibilités d'emploi pour des personnes aux compétences diverses.

Notes

1. Walløe, S., Pakkenberg, B. et Fabricius, K. (2014). Estimation stéréologique du nombre total de cellules dans le cortex cérébral et cérébelleux humain. *Frontiers in Human Neuroscience, 8.* https://doi.org/10.3389/fnhum.2014.00508

2. Solan, M. (2021, 1er août). *Le livre de la neurogenèse.* Harvard Health. https://www.health.harvard.edu/mind-and-mood/the-book-of-neurogenesis

3. Spector, R. (2022, 21 septembre). *How men's and women's brains are different | Stanford Medicine.* Stanford Medicine Magazine. https://stanmed.stanford.edu/how-mens-and-womens-brains-are-different/

4. Banissy, M. J. et Ward, J. (2007). Mirror-touch synesthesia is linked with empathy. *Nature Neuroscience, 10*(7), 815-816. https://doi.org/10.1038/nn1926

5. Bates, B. C. (2018, 3 avril). *Le médecin qui ressent vraiment la douleur de ses patients.* https://www.bbc.com/news/stories-43572639

6. Feinstein, J. S., Adolphs, R., Damasio, A. et Tranel, D. (2010). The human amygdala and the induction and experience of fear (L'amygdale humaine et l'induction et l'expérience de la peur). *Current Biology, 21*(1), 34-38. https://doi.org/10.1016/j.cub.2010.11.042

7. Feinstein, J. S., Buzza, C., Hurlemann, R., Follmer, R. L., Dahdaleh, N. S., Coryell, W. H., Welsh, M. J., Tranel, D. et Wemmie, J. A. (2013). Fear and panic in humans with bilateral amygdala damage (Peur et panique chez les humains avec des dommages bilatéraux à l'amygdale). *Nature Neuroscience, 16*(3), 270-272. https://doi.org/10.1038/nn.3323

8. Ramachandran, V. S. et Blakeslee, S. (1999). *Phantoms in the brain (Fantômes dans le cerveau).* Fourth Estate.

9. De Haan, E. H. F., Corballis, P. M., Hillyard, S. A., Marzi, C. A., Seth, A., Lamme, V. a. F., Volz, L., Fabri, M., Schechter, E., Bayne, T., Corballis, M. et Pinto, Y. (2020). Split-Brain : Ce que nous savons maintenant et pourquoi c'est important pour comprendre la conscience. *Neuropsychology Review, 30*(2), 224-233. https:

//doi.org/10.1007/s11065-020-09439-3

10. Robson, D. (2022, 24 février). *Blindsight : the strangest form of consciousness.* https://www.bbc.com/future/article/20150925-blindsight-the-strangest-form-of-consciousness

11. De Gelder, B., Tamietto, M., Van Boxtel, G., Goebel, R., Sahraie, A., Van Den Stock, J., Stienen, B. M., Weiskrantz, L. et Pegna, A. (2008). Intact navigation skills after bilateral loss of striate cortex. *Current Biology*, *18*(24), R1128-R1129. https://doi.org/10.1016/j.cub.2008.11.002

12. Kim, H., Han, J., Park, Y. H., Kim, B. J., Yang, W. et Kim, S. (2017). Membre fantôme surnuméraire chez un patient atteint d'une hémorragie des ganglions de la base - un rapport de cas et une revue de la littérature. *BMC Neurology*, *17*(1). https://doi.org/10.1186/s12883-017-0962-7

13. Zernitz, M., Rizzello, C., Rigoni, M. et Van De Winckel, A. (2024). Case Report : Phantom limb pain relief after cognitive multisensory rehabilitation. *Frontiers in Pain Research*, *5*. https://doi.org/10.3389/fpain.2024.1374141

14. ABC News. (2011, 7 octobre). *La vie de l'ex-footballeur est effacée par une amnésie rétrograde.* https://abcnews.go.com/Health/football-player-scott-bolzans-life-deleted-irreversible-amnesia/story?id=14616045

15. *Des chercheurs retrouvent des souvenirs "perdus"*. (2015, 28 mai). MIT News | Massachusetts Institute of Technology. https://news.mit.edu/2015/optogenetics-find-lost-memories-0528

16. Day, E. (2017, 22 février). Il était mauvais, alors ils ont mis un pic à glace dans son cerveau. . . *The Guardian.* https://www.theguardian.com/science/2008/jan/13/neuroscience.medicalscience

17. Edwards, S. (2011, 19 décembre). Déchiffrer le cerveau de l'adolescent. *Harvard Medical School.* https://hms.harvard.edu/news/deciphering-teenage-brain

18. Hoffman, T. (2012, 23 novembre). L'homme dont le cerveau ignore la moitié de son monde. *The Guardian.* https://www.theguardian.com/science/blog/2012/nov/23/man-brain-ignores-half-world

19. Ogden, J. (2012, 11 septembre). Le trouble bizarre de l'héminégligence | Brain-

Line. *BrainLine.* https://www.brainline.org/article/bizarre-disorder-hemineglect

20. Andrew, E. (2021, 24 septembre). *Rencontrez l'homme sain et fonctionnel qui a survécu avec un cerveau presque inexistant.* IFLScience. https://www.iflscience.com/man-tiny-brain-lived-normal-life-31083

21. Lewin, R. (1980). Votre cerveau est-il vraiment nécessaire ? *Science, 210*(4475), 1232-1234. https://doi.org/10.1126/science.7434023

22. Ksla. (2014, 12 septembre). Keithville boy born without brain dies at 12. https://www.ksla.com. https://www.ksla.com/story/26405843/keithville-boy-born-without-brain-dies-at-12/?autostart=true

23. Bodien, Y. G., Allanson, J., Cardone, P., Bonhomme, A., Carmona, J., Chatelle, C., Chennu, S., Conte, M., Dehaene, S., Finoia, P., Heinonen, G., Hersh, J. E., Kamau, E., Lawrence, P. K., Lupson, V. C., Meydan, A., Rohaut, B., Sanders, W. R., Sitt, J. D., . . . Schiff, N. D. (2024). Cognitive motor dissociation in disorders of consciousness (Dissociation cognitivo-motrice dans les troubles de la conscience). *New England Journal of Medicine, 391*(7), 598-608. https://doi.org/10.1056/nejmoa2400645

24. Boseley, S. (2017, 26 novembre). Think tennis for yes, home for no : comment les médecins ont aidé un homme dans un état végétatif. *The Guardian.* https://www.theguardian.com/science/2010/feb/03/vegetative-state-patient-communication

25. Owen, A. M., Coleman, M. R., Boly, M., Davis, M. H., Laureys, S. et Pickard, J. D. (2006). Detecting awareness in the vegetative state (Détecter la conscience dans l'état végétatif). *Science, 313*(5792), 1402. https://doi.org/10.1126/science.1130197

26. The MIT Press Reader. (2022, 3 octobre). *Le cas curieux du syndrome d'Alice au pays des merveilles.* https://thereader.mitpress.mit.edu/the-curious-case-of-alice-in-wonderland-syndrome/

27. Cox, D. (2022, 24 février). *La malédiction des personnes qui ne ressentent jamais la douleur.* https://www.bbc.com/future/article/20170426-the-people-who-never-feel-any-pain

28. *Un système informatique transcrit les mots que les utilisateurs "parlent en silence".* (2018, 4 avril). MIT News | Massachusetts Institute of Technology. https://new

s.mit.edu/2018/computer-system-transcribes-words-users-speak-silently-0404

29. Nouvelles de Flandre. (2024, 5 avril). Des résultats surprenants : L'interface cerveau-ordinateur permet à l'utilisateur de déplacer des objets par la pensée (VIDEO). *vrtnws.be.* https://www.vrt.be/vrtnws/en/2024/04/05/augmented-reality-ai-mit/

30. Naddaf, M. et Drew, L. (2024). Le deuxième implant cérébral de Neuralink d'Elon Musk : fera-t-il mieux que le premier ? *Nature*, *632*(8025), 481-482. https://doi.org/10.1038/d41586-024-02368-8

31. Gibney, E. Google AI algorithm masters ancient game of Go. *Nature* 529, 445-446 (2016). https://doi.org/10.1038/529445a

32. Nordling, L. (2024). Les scientifiques sont victimes d'escroqueries vidéo de type deepfake AI - voici comment se défendre. *Nature.* https://doi.org/10.1038/d41586-024-02521-3

33. Urwin, M. (2024, 19 juillet). AI taking over jobs : Ce qu'il faut savoir sur l'avenir des emplois. *Built In.* https://builtin.com/artificial-intelligence/ai-replacing-jobs-creating-jobs

Chapter 7

L'esprit insaisissable et puissant

7.1 L'incroyable connexion corps-esprit

L'effet placebo : Le sentir quand on y croit

- Notre cerveau peut être amené à croire qu'un faux traitement est réel, ce qui déclenche une réaction de guérison connue sous le nom d'effet placebo. La recherche scientifique a démontré que les placebos peuvent être aussi efficaces que les traitements conventionnels pour soulager les douleurs liées à la migraine et à l'arthrose. Les placebos agissent probablement en déclenchant la libération de neurotransmetteurs tels que les endorphines et la dopamine, qui sont associés au plaisir et au bien-être.

- Les placebos fonctionnent souvent parce que les gens ne savent pas qu'ils en prennent. Mais qu'en est-il si l'on sait qu'on en prend un ? Une étude publiée dans *Science Translational Medicine* a testé trois traitements différents chez des patients souffrant de crises de migraine : un groupe a reçu un médicament contre la migraine portant le nom du médicament, un autre a reçu un placebo portant le nom de "placebo" et un troisième groupe n'a reçu ni médicament ni placebo. Les chercheurs ont constaté que le placebo était 50 % plus efficace que le vrai médicament pour réduire la douleur migraineuse, même lorsque les patients savaient qu'ils prenaient un placebo .[1]

- L'effet nocebo s'oppose à l'effet placebo. L'effet nocebo décrit les résultats négatifs qui peuvent se produire si nous croyons que quelque chose va nuire à notre corps. La recherche montre que si nous pensons qu'un traitement sera douloureux ou aura des effets secondaires, nous sommes plus susceptibles de ressentir de la douleur ou des effets secondaires (tels que des spasmes musculaires et des douleurs thoraciques). Les effets nocebo les plus courants sont la douleur, les douleurs musculaires, les effets secondaires sur la sexualité, les démangeaisons et les problèmes de mémoire.

- L'effet nocebo semble être plus fréquent chez les personnes souffrant d'anxiété ou de dépression, présentant certains traits de personnalité (comme le pessimisme, la névrose ou une forte compétitivité), ou à qui l'on dit que le traitement provoquera de la douleur ou des effets secondaires indésirables. Dans une étude de 2017, des scientifiques ont constaté que le prix d'un médicament peut moduler le traitement de la douleur. Les patients ont signalé une douleur plus forte lorsqu'un faux traitement était étiqueté comme un médicament coûteux que lorsqu'il était étiqueté comme un médicament bon marché, même s'ils n'ont reçu aucun traitement actif [2].

Dans le sens inverse des aiguilles d'une montre : Vieillir, c'est dans la tête

- L'expérience la plus frappante sur le lien entre le corps et l'esprit est probablement l'expérience "dans le sens inverse des aiguilles d'une montre" menée par Ellen Langer, psychologue sociale à Harvard. En 1979, Langer a invité huit hommes âgés de 70 à 80 ans à une retraite méticuleusement conçue pour ressembler à 1959, les transportant 20 ans dans le passé. L'environnement a été soigneusement recréé avec des meubles, des journaux, des livres et des émissions de télévision de l'époque. Les hommes ont reçu pour instruction de s'immerger totalement dans l'expérience, comme s'ils se trouvaient en 1959. Pour ce faire, ils devaient discuter des événements de l'époque, parler d'eux au présent comme s'ils étaient plus jeunes et éviter toute référence à leur âge réel. Les résultats ont été remarquables : après seulement une semaine, les participants ont montré des améliorations mesurables de plusieurs indicateurs de santé, notamment la vision, l'audition, la mémoire, la dextérité et la force. Leurs performances cognitives se sont également améliorées. De plus, lorsque des photos prises avant et après la retraite ont été montrées à des observateurs indépendants, les hommes sont apparus nettement plus jeunes sur les images "après" . [3]

- Ce lien entre le corps et l'esprit ne se limite pas aux personnes âgées. En 2016, l'équipe de recherche de Langer a découvert que notre esprit peut influencer la glycémie simplement en croyant que le temps s'est écoulé. Dans cette étude, les chercheurs ont assigné au hasard 47 participants atteints de diabète de type 2 à l'une des trois conditions de perception du temps : Rapide, Normal et Lent. Les participants ont ensuite été invités à jouer à des jeux vidéo simples pendant 90 minutes. Les participants de la condition normale voyaient une horloge afficher le temps réel écoulé, tandis que ceux des conditions lente et rapide voyaient des horloges indiquant que 45 et 180 minutes s'étaient écoulées, respectivement. De manière surprenante, à la fin de la session de 90 minutes, la glycémie des participants reflétait le temps perçu (45, 90 ou 180 minutes) plutôt que le temps réel écoulé[4] . Cela suggère qu'une simple astuce mentale peut amener le corps à ajuster ses niveaux de glucose dans le sang.

- Dans une étude similaire réalisée en 2023, l'équipe de Langer a infligé des blessures mineures à des participants et a utilisé les trois mêmes conditions de perception du temps, le temps réel écoulé étant de 28 minutes pour tous les groupes. Les blessures ont guéri significativement plus vite dans la condition "temps rapide" que dans les conditions "temps normal" et "temps lent", ce qui confirme le concept d'unité corps-esprit . [5]

Exercices mentaux : Devenez plus fort et plus mince... en utilisant votre esprit ?

- Si vous pensez toujours que la perte de poids n'est possible qu'en brûlant un nombre spécifique de calories, détrompez-vous. Une étude fascinante a examiné comment les croyances en matière d'activité physique peuvent influencer la santé, même en l'absence de changements comportementaux réels. Dans cette étude, les chercheurs ont recruté 84 femmes de ménage dans des hôtels et ont informé la moitié d'entre elles que leur travail quotidien (nettoyage des chambres) était conforme aux directives fédérales en matière d'exercice physique, tandis que l'autre moitié n'était pas informée. Étonnamment, après seulement quatre semaines, le groupe informé présentait des améliorations physiques significatives : perte de poids, baisse de la tension artérielle, amélioration du rapport taille-hanche et réduction de l'indice de masse corporelle, le tout sans modification de l'activité, de la charge de travail ou du régime alimentaire[6] . Ces résultats appuient le concept de "Activity Adequacy Mindsets" (AAM), qui suggère que le fait de croire que son niveau d'activité est sain peut avoir un impact positif sur des mesures physiologiques telles que la fréquence cardiaque et la pression artérielle . [7]

- Dans une autre expérience, les scientifiques ont découvert que l'entraînement mental peut induire des gains de force sans effectuer d'exercices physiques. Dans leur expérience, 30 jeunes volontaires en bonne santé ont été répartis en quatre groupes pour entraîner les muscles abducteurs de l'auriculaire et fléchisseurs du coude, fréquemment utilisés dans les activités quotidiennes. Un groupe de 8 personnes a effectué des "contractions mentales" de l'abduction de l'auriculaire, un groupe de 8 personnes a effectué des contractions mentales de la flexion du coude, un groupe de 6 personnes a effectué des exercices musculaires physiques pour l'abduction de l'auriculaire et la flexion du coude, et le dernier groupe de 8 personnes n'a pas effectué d'entraînement physique ou mental, mais a simplement participé à toutes les expériences en tant que groupe de contrôle. Après 12 semaines d'entraînement 15 minutes par jour, 5 jours par semaine, le groupe d'entraînement physique a augmenté sa force d'abduction des doigts de 53%. Il est intéressant de noter que les groupes d'entraînement mental ont vu leur force d'abduction des doigts et de flexion du coude augmenter respectivement de 35 % et de 13,5 %, alors que le groupe témoin n'a pas montré de gain de force significatif dans ses muscles. Les scientifiques ont confirmé l'amélioration de la force musculaire des groupes d'entraînement mental en mesurant le potentiel cortical dérivé de l'électroencéphalogramme[8] . Essayez-le la prochaine fois pour développer vos muscles lorsque vous vous sentez trop fatigué pour aller à la salle de sport !

- Ces expériences ne sont pas des cas isolés. Depuis les années 1930, les scientifiques étudient la manière dont les pratiques mentales peuvent améliorer les performances sportives. Dans une étude antérieure, réalisée en 1978, 32 étudiants ont été répartis au hasard entre quatre groupes afin de tester l'impact de la pratique mentale sur l'aptitude au lancer de fléchettes. Le groupe de contrôle n'a bénéficié d'aucun entraînement, tandis que les trois autres groupes ont été soumis à différentes formes d'entraînement : répétition mentale uniquement, répétition mentale avec simulation de mouvements moteurs et entraînement physique direct. Les participants du groupe de répétition mentale ont été invités à fermer les yeux et à imaginer le processus de lancer de fléchettes, en se concentrant sur des détails sensoriels tels que la sensation des fléchettes dans leurs mains, la vue de la cible et le son des fléchettes frappant la planche. Le groupe mental/moteur a combiné la répétition mentale avec des mouvements physiques, imitant l'acte de lancer sans fléchettes réelles. Le groupe de pratique directe s'est livré à une pratique physique traditionnelle, en lançant des fléchettes sur la cible. Après six jours, tous les groupes de pratique ont montré une amélioration significative par rapport au groupe de contrôle. Fait remarquable, le groupe de pratique mentale s'est amélioré presque autant que le groupe de pratique physique directe[9] , ce qui souligne une fois de plus le pouvoir de l'esprit !

- La capacité à lancer des fléchettes n'est qu'une des nombreuses aptitudes motrices testées. En fait, les scientifiques ont étudié de manière approfondie les effets de la pratique mentale sur diverses aptitudes motrices, notamment les lancers francs au basket-ball, le badminton, le patinage de vitesse, les claquettes, le jonglage à la baguette, le lancer de balle molle, le chipping au golf et le dribble au football. Grâce à la méta-analyse (une technique statistique qui combine les résultats de plusieurs études), les chercheurs ont conclu que la pratique mentale améliore de manière significative l'apprentissage et la rétention des compétences motrices[10,11] . En raison de son impact positif, la pratique mentale est désormais utilisée dans différents domaines. Les athlètes l'utilisent pour améliorer leurs performances dans des sports comme le basket-ball, le golf et la danse. Les musiciens, tels que les pianistes, utilisent la pratique mentale pour apprendre de nouveaux morceaux, tandis que les professionnels de la médecine, y compris les chirurgiens, affinent leurs compétences procédurales par la visualisation. En outre, la pratique mentale contribue à la récupération après un accident vasculaire cérébral en aidant les patients à retrouver leur mobilité et peut réduire la perte de force dans les membres immobilisés à la suite d'une blessure.

Le pouvoir de guérison de l'esprit

- Le parcours de guérison du lama tibétain Phakyab Rinpoché offre un exemple remarquable du potentiel de l'esprit à guérir le corps. Auteur du livre *Meditation Saved My Life (La méditation m'a sauvé la vie)*, Rinpoché a dû faire face à de graves problèmes de santé après avoir été emprisonné brutalement en Chine et s'être échappé de manière éprouvante. Il a développé une gangrène à la cheville droite, une affection potentiellement mortelle qui survient lorsque les tissus meurent en raison d'un manque de circulation sanguine ou d'une grave infection bactérienne. En outre, il souffrait de fractures et d'une tuberculose vertébrale. Les médecins de New York pensaient que l'amputation était le seul moyen de lui sauver la vie. Cependant, une lettre du Dalaï Lama, posant la question "Pourquoi cherchez-vous la guérison en dehors de vous-même ?", a incité Rinpoché à explorer une autre voie : la méditation. Fort de plusieurs années d'expérience de la méditation et d'une profonde compréhension des pratiques tibétaines de guérison, Rinpoché a quitté l'hôpital et s'est lancé dans une retraite autoguidée. Il consacre quatorze heures par jour à la méditation et à la prière, défiant peu à peu les attentes du corps médical.

Sa cheville infectée guérit et ses os commencent à se régénérer. Trois ans plus tard, il s'est complètement rétabli et a retrouvé la capacité de marcher normalement.

- Lors d'une interview, Phakyab Rinpoché a souligné que la compassion était la clé de sa réussite en matière de guérison. Il estime que la véritable guérison commence dans l'esprit et qu'elle est accessible à tous. Il ne s'agit pas seulement de miracles médicaux, mais aussi de cultiver la compassion et la transformation intérieure dans la vie quotidienne. Rinpoché aborde les autres avec un cœur ouvert, les considérant comme des êtres humains, chacun ayant un potentiel de bonté et de croissance. Il met l'accent sur la pratique de la compassion et de la méditation de l'amour bienveillant pour cultiver la paix intérieure. Selon Rinpoché, une focalisation excessive sur soi peut entraver la paix, tandis que la compassion ouvre la "porte intérieure". Elle apaise les pensées égocentriques et favorise l'ouverture du cœur et de l'esprit. La méditation, en particulier la "shamatha" (méditation calme), fait taire les distractions mentales, ce qui favorise un sentiment de calme tant dans le corps que dans l'esprit.[12] .

- Grâce à des techniques avancées de neuroimagerie, des neuroscientifiques ont révélé comment la méditation peut remodeler notre cerveau. Une équipe de chercheurs de Harvard, dirigée par Sara Lazar, a utilisé l'imagerie par résonance magnétique fonctionnelle (IRMf) pour examiner 16 participants avant et après un programme de pleine conscience de huit semaines. Les participants se sont livrés à des exercices de pleine conscience pendant 27 minutes par jour en moyenne. À l'issue du programme de huit semaines, tous les participants ont fait état d'améliorations significatives dans les questionnaires sur la pleine conscience. Les scanners cérébraux ont révélé une augmentation de la matière grise dans l'hippocampe, une région du cerveau cruciale pour l'apprentissage et la mémoire. En outre, les participants ont également fait état d'une réduction de leur niveau de stress, corrélée à une diminution de la densité de matière grise dans l'amygdale, une zone associée à l'anxiété et au stress[13] . Ces changements cérébraux ont été observés exclusivement dans le groupe de méditation, ce qui suggère que la pratique de la pleine conscience peut déclencher des changements structurels et fonctionnels dans notre cerveau.

La culture des doigts : Une expérience d'une minute pour tester le pouvoir de votre esprit

- Après avoir lu tout cela, vous êtes-vous interrogé sur votre propre force mentale ? Voici l'occasion de le faire. Votre esprit peut changer votre corps en quelques secondes, et vos doigts sont une excellente cible pour le pouvoir de votre esprit. Pour faire grandir vos doigts en utilisant votre esprit, commencez par aligner vos mains gauche et droite afin de comparer la longueur de vos doigts. Ensuite, séparez vos mains, fermez les yeux et détendez-vous. Tendez la main que vous voulez voir grandir et concentrez-vous sur elle en vous répétant : "Elle s'allonge, elle s'allonge". Visualisez quelque chose qui pousse, comme de l'herbe qui germe ou un arbre qui pousse, pour renforcer l'idée. Après avoir pratiqué cette méthode pendant 15 à 30 secondes (l'effet peut être plus long), ouvrez les yeux, réalignez vos mains et comparez vos doigts pour voir combien ils ont grandi. Je pense que le résultat vous surprendra !

7.2 L'inconscient : Fonctionner au-delà de la conscience

- Sigmund Freud, souvent considéré comme le "père de la psychologie", a développé la théorie de la psychanalyse au début des années 1890. Cette théorie a eu un impact significatif sur notre compréhension de l'esprit humain et de ses fonctions. Freud a proposé que l'esprit humain se compose de trois niveaux de conscience : le conscient, le préconscient (ou subconscient) et l'inconscient. Il a souligné le rôle important de l'inconscient dans l'influence du comportement. L'inconscient, selon Freud, abrite des souvenirs, des pensées et des pulsions refoulés qui ne sont pas facilement accessibles à notre conscience. Ces trois niveaux de conscience sont souvent comparés à un iceberg, où l'esprit conscient n'est que la partie visible au-dessus de l'eau, tandis que l'esprit inconscient représente la vaste partie cachée sous la surface.

- Bien que nous utilisions quotidiennement notre esprit conscient, nous ne nous rendons souvent pas compte que nombre de nos comportements sont dictés par l'inconscient. Ce phénomène est illustré de manière frappante dans les cas de patients à double cerveau et de personnes aveugles (chapitre 6). Par exemple, les patients à double cerveau peuvent pointer ou dessiner quelque chose avec précision, mais sont incapables d'expliquer verbalement leurs actions. De même, les personnes aveugles peuvent parfaitement s'orienter dans un couloir et éviter les obstacles, sans avoir conscience de la manière dont elles procèdent. Dans un exemple extrême, les patients souffrant d'anosognosie semblaient refouler des souvenirs dans leur inconscient et passer d'une identité à l'autre : l'une se croyant en parfaite santé, l'autre reconnaissant son état de santé. Ces phénomènes soulèvent une question profonde : Notre libre arbitre - l'esprit conscient sur lequel nous nous appuyons - est-il vraiment libre ou n'est-il qu'une illusion ?

- La preuve la plus directe du rôle de notre subconscient/inconscient provient peut-être d'études de scanners cérébraux. Grâce à l'imagerie par résonance magnétique fonctionnelle (IRMf), les scientifiques peuvent observer l'activité cérébrale des sujets pendant la prise de décision. Dans une expérience, les sujets regardaient un flux de lettres sur un écran et, lorsqu'ils en ressentaient le besoin, ils choisissaient d'appuyer sur un bouton gauche ou droit. On leur a demandé de se souvenir de la lettre affichée au moment de la décision et d'indiquer ensuite leur choix en sélectionnant cette lettre. Les chercheurs ont utilisé l'IRMf pour analyser l'activité cérébrale et voir s'ils pouvaient prédire le choix de chaque sujet avant qu'il n'atteigne la conscience. Ils ont constaté que deux régions du cerveau - le cortex frontopolaire (BA10) et le cortex pariétal - présentaient une activation qui prédisait l'appui sur le bouton jusqu'à 10 secondes avant que le sujet ne prenne consciemment sa décision[14] . Cela suggère que l'activité cérébrale inconsciente influence les décisions avant même qu'elles ne soient conscientes. Une étude ultérieure sur la sélection des produits de consommation a en outre révélé que de brèves périodes de pensée inconsciente (UT) dans des régions cérébrales spécifiques (à savoir le cortex préfrontal dorsolatéral droit et le cortex visuel gauche) contribuaient à améliorer la prise de décision. Cela signifie que notre cerveau peut traiter et intégrer des informations pour prendre des décisions plus intelligentes, même sans pensée consciente . [15]

- Des preuves scientifiques suggèrent que notre inconscient possède au moins deux propriétés. Premièrement, il est très puissant et peut modifier notre corps d'une manière qui échappe à l'esprit conscient. Alors que notre esprit conscient peut influencer temporairement notre corps, par exemple en allongeant nos mains ou nos doigts par la visualisation, ces effets ne durent que quelques minutes. En revanche, l'inconscient peut produire des changements durables. Par exemple, des études ont montré que les patients peuvent éliminer les verrues - bosses dures et surélevées causées par le virus du papillome humain (VPH) - simplement en "pensant qu'elles n'existent plus". Dans une étude publiée dans *The Lancet*, 21 patients atteints de verrues ont été soumis à une hypnose impliquant la relaxation, la fixation des yeux et des ordres répétitifs. Pendant l'hypnose, deux suggestions leur ont été faites : faire disparaître les verrues d'un côté du corps et effectuer une action spécifique au réveil. Sur les 21 patients, 15 ont atteint une profondeur hypnotique suffisante et leurs verrues ont disparu dans un délai de cinq semaines à trois mois[16] . Ces résultats surprenants, confirmés par de nombreuses autres études[17,18,19] , mettent en évidence un lien entre la profondeur de l'hypnose, la suggestion post-hypnotique et la disparition des verrues.

- Deuxièmement, contrairement à l'esprit conscient, notre esprit inconscient est constamment conscient de ce qui nous entoure, même lorsque nous sommes inconscients. Dans le livre de Brian Weiss "Many Lives, Many Masters", une technicienne de laboratoire de 27 ans, Catherine, a consulté Weiss pour une grave anxiété et des crises de panique. Weiss a utilisé la thérapie de régression et, sous hypnose, Catherine s'est souvenue d'un grand nombre de ses 86 vies antérieures. Lors d'une séance de thérapie, Catherine a pu se rappeler les détails des conversations des médecins sur l'état de sa gorge lors d'une opération des cordes vocales. Bien qu'anesthésiée et profondément inconsciente à l'époque, son esprit avait enregistré la discussion des chirurgiens sur le risque d'étouffement dû à l'insertion et au retrait d'un tube. Cette prise de conscience de son inconscient a déclenché une peur intense d'avaler ou de s'étouffer lorsqu'elle s'est réveillée. Au cours de la séance d'hypnose, Catherine a pris conscience de ce lien et a ainsi surmonté son anxiété et sa peur[20] . Notre inconscient recueille probablement une grande quantité d'informations pendant que nous sommes dans un état inconscient (comme le sommeil). Le seul obstacle est d'accéder à ces informations avec notre esprit conscient.

7.3 Le puzzle quantique de l'esprit

- Alors que les neuroscientifiques et les psychologues débattent encore de la réalité de l'unité corps-esprit, les physiciens ont adopté un concept encore plus audacieux : l'univers lui-même pourrait être une projection de notre esprit. En 2005, pour célébrer le centenaire de "l'année miracle" d'Einstein, Nature, une prestigieuse revue scientifique, a publié "L'univers mental", un essai concis de Richard Henry, professeur de physique et d'astronomie à l'université Johns Hopkins. L'essai de Henry s'ouvre sur une déclaration provocatrice : "La seule réalité est l'esprit et les observations, mais les observations ne portent pas sur des choses. Pour voir l'Univers tel qu'il est réellement, nous devons abandonner notre tendance à conceptualiser les observations comme des choses".[21] De nombreux autres physiciens, dont Amit Goswami, professeur retraité de sciences théoriques à l'université de l'Oregon et auteur de "Physics of the Soul" (La physique de l'âme), partagent le même point de vue. Ce point de vue est fascinant, mais qu'est-ce qui conduit les physiciens à une conclusion aussi radicale sur l'esprit ?

- Cela est probablement dû à un phénomène étrange de la mécanique quantique appelé "effet de l'observateur", où l'acte d'observation modifie la réalité. L'exemple classique est l'expérience de la double fente : Lorsqu'il n'est pas observé, un électron semble passer simultanément par les deux fentes (un phénomène quantique étrange connu sous le nom de superposition), créant une figure d'interférence sur un écran. Cependant, si les scientifiques tentent d'observer par quelle fente passe l'électron, celui-ci se comporte différemment, comme une particule au lieu d'une onde. La figure d'interférence disparaît alors[22] . En d'autres termes, c'est comme si les électrons savaient qu'ils sont observés et changeaient de comportement ! Puisque nous ne pouvons qu'observer le monde tel que nous le percevons, les scientifiques s'interrogent : Notre univers observable est-il vraiment réel ? Existe-t-il une réalité objective ?

- Le chat de Schrödinger peut nous aider à mieux comprendre ce concept déroutant. Dans cette expérience de pensée, le physicien autrichien Erwin Schrödinger propose que le destin d'un chat hypothétique dépende d'un événement aléatoire ayant une chance sur deux de se produire, comme la désintégration radioactive. Jusqu'à ce que quelqu'un ouvre la boîte pour mesurer (observer) la désintégration, le chat reste dans un état superposé, c'est-à-dire qu'il est à la fois désintégré et non désintégré, chacun ayant une chance sur deux. Par conséquent, le chat est, paradoxalement, à la fois vivant et mort jusqu'à ce que la boîte soit ouverte et que l'état du chat soit mesuré par un observateur extérieur. Cela peut sembler ridicule, mais dans la théorie quantique, c'est tout à fait rationnel. En d'autres termes, nous observons constamment l'univers et, chaque fois que nous le faisons, nous créons notre propre réalité avec nos observations et notre esprit.

- Pour résoudre le paradoxe du chat de Schrödinger, le physicien américain Hugh Everett III a développé la théorie des mondes multiples (ou univers parallèles) à la fin des années 1950. Cette théorie propose que chaque événement quantique provoque une rupture dans la réalité, créant des univers parallèles qui contiennent tous les résultats possibles. Cela implique que le chat de Schrödinger pourrait exister dans deux univers parallèles : vivant dans l'un et mort dans l'autre. Les états mort et vivant du chat sont décohérents, c'est-à-dire qu'ils n'interagissent pas et ne communiquent pas entre eux. Une fois qu'une mesure (observation) est effectuée, l'observateur et le chat n'existent que dans un seul de ces univers, et non dans les deux. Ainsi, si vous regrettez constamment d'avoir fait de mauvais choix dans votre vie, consolez-vous à l'idée qu'une autre version de vous pourrait connaître une fin heureuse dans un univers parallèle !

- À ce propos, il convient de noter qu'en dépit de son aspect étrange et contre-intuitif, la physique quantique est largement considérée comme la théorie scientifique la plus aboutie jamais élaborée. Elle explique une vaste gamme de phénomènes naturels avec une précision extraordinaire, en particulier aux niveaux atomique et subatomique. En outre, elle explique des phénomènes allant du comportement des atomes aux propriétés des semi-conducteurs et du soleil. De nombreuses technologies modernes, telles que les lasers et les transistors, reposent sur des principes quantiques, et la physique quantique a ouvert la voie à des innovations révolutionnaires telles que les ordinateurs et les appareils photo numériques.

7.4 L'esprit et l'univers : Pas séparés mais interconnectés

Les cœurs battent ensemble

- En tant qu'êtres humains, nos corps peuvent sembler séparés, mais ils sont intimement liés. Dans le village espagnol de San Pedro Manrique, les habitants participent à un rituel de marche sur le feu tous les 23 juin, traversant des charbons ardents lors d'une cérémonie célébrant le solstice d'été. Pour comprendre l'impact physiologique de ces rituels, des chercheurs ont mené une étude axée sur la fréquence cardiaque. L'équipe a suivi 12 marcheurs sur le feu, 9 membres de leur famille et 17 spectateurs. Fait intéressant, les chercheurs ont constaté que le rythme cardiaque des observateurs qui étaient des parents ou des amis proches des participants à la marche sur le feu était synchronisé avec celui des marcheurs sur le feu. Les fréquences cardiaques de ces proches augmentaient et diminuaient presque de la même manière que celles des marcheurs avant, pendant et après chaque marche, même s'ils ne participaient pas activement eux-mêmes à la marche[23] . Cette synchronisation a duré pendant toute la durée du rituel de 30 minutes, ce qui suggère une connexion physiologique profonde liée à des liens émotionnels plutôt qu'à des actions physiques partagées. En revanche, les spectateurs qui n'avaient aucun lien personnel avec les marcheurs ne présentaient pas le même rythme cardiaque, ce qui montre que les liens sociaux étroits sont probablement la clé de cette réaction synchronisée.

- Avez-vous déjà ressenti un lien profond avec votre bébé en partageant un sourire ? Les scientifiques ont découvert le mécanisme sous-jacent à cette expérience réconfortante. Une étude de 2011 révèle que les cœurs des mères et de leurs bébés de 3 mois peuvent se synchroniser à la milliseconde près, simplement en partageant des sourires et des interactions joyeuses. Les chercheurs ont observé 40 paires mère-nourrisson lors d'interactions en face à face, en utilisant des électrodes pour surveiller leurs battements cardiaques. Ils ont constaté que les cœurs de la mère et de l'enfant battaient de manière presque parfaitement synchronisée pendant les moments de contact visuel chaleureux ou de roucoulements[24] . Il est à noter que cet effet n'a été observé qu'entre chaque mère et son propre enfant. Ce "couplage cardiaque" semble activer des zones spécifiques du cerveau associées à l'empathie et au lien social. Des recherches antérieures suggèrent que les bébés qui ne bénéficient pas de ces moments d'attachement, comme ceux qui sont nés prématurément ou dont les mères souffrent de dépression post-partum, peuvent faire preuve de moins d'empathie plus tard dans leur vie, à l'âge de l'adolescence.

- Un lien physiologique similaire a été observé chez les couples. En 2013, une étude de l'Université de Davis a montré que les partenaires romantiques peuvent synchroniser leur rythme cardiaque et leur respiration, ce qui confirme l'idée que leurs cœurs "battent à l'unisson". Les chercheurs, dirigés par le professeur de psychologie Emilio Ferrer, ont suivi 32 couples hétérosexuels assis à quelques mètres l'un de l'autre, sans parler ni se toucher. L'étude a révélé que le rythme cardiaque et les intervalles respiratoires étaient étroitement alignés au sein de chaque couple. Cependant, cette synchronisation ne se produisait pas lorsque les individus étaient jumelés à des personnes qui n'étaient pas des partenaires[25] . L'étude a également révélé que les femmes avaient tendance à ajuster leurs réactions physiologiques davantage en fonction de leur partenaire, ce qui suggère un niveau d'empathie ou de syntonie plus élevé chez les femmes.

- Dans les scénarios décrits ci-dessus, les couples ne se sont pas touchés. Mais que se passerait-il s'ils se tenaient la main ? Une étude ultérieure menée par Pavel Goldstein, chercheur à CU Boulder, en 2017, a exploré la manière dont le toucher peut atténuer la douleur chez les couples romantiques par le biais de la synchronisation physiologique. Dans une étude portant sur 22 couples hétérosexuels à long terme, les chercheurs ont mesuré les rythmes cardiaque et respiratoire dans trois scénarios : assis ensemble sans se toucher, assis ensemble en se tenant la main et assis séparément pendant que la femme ressentait une légère douleur. Comme dans l'étude de 2013, les scientifiques ont constaté que les couples synchronisent naturellement leurs rythmes physiologiques, mais que la douleur perturbe cette synchronisation. Cependant, lorsque les couples se tenaient la main, leurs rythmes cardiaque et respiratoire se synchronisaient à nouveau, et la douleur de la femme diminuait[26] . L'effet de soulagement de la douleur était plus fort lorsque le partenaire masculin présentait des niveaux d'empathie plus élevés, ce qui suggère que le toucher peut communiquer l'empathie et créer un effet analgésique. Les chercheurs supposent que la synchronisation peut influencer le cortex cingulaire antérieur du cerveau, une zone associée à la fois à l'empathie et à la perception de la douleur. Alors, la prochaine fois que vous serez dans la salle d'accouchement, rappelez-vous le pouvoir d'un toucher de soutien - tenez la main de votre partenaire !

Calmer l'esprit, calmer la ville

- Si l'univers observable est une projection de notre esprit, alors changer notre état mental pourrait non seulement modifier notre corps (par le biais du lien corps-esprit), mais aussi avoir un impact sur l'univers, y compris sur notre environnement de vie. En fait, de nombreux groupes de recherche ont étudié l'impact des pratiques de méditation sur les taux de criminalité sociale et ont trouvé un lien intéressant entre les deux. Deux études notables sont présentées ci-dessous.

- Dans une étude, les chercheurs ont utilisé l'analyse des séries chronologiques pour examiner l'impact de la méditation transcendantale (MT) sur le taux de criminalité dans le Merseyside, au Royaume-Uni. Le Merseyside est un comté métropolitain du nord-ouest de l'Angleterre qui comprend la ville de Liverpool (1,5 million d'habitants) et dont le taux de criminalité est historiquement élevé. En 1975, une instructrice de MT de Liverpool, Patricia Stone, a proposé au Lord Mayor un plan visant à réduire la criminalité de 16 % grâce à la méditation transcendantale. Des recherches antérieures ont suggéré que lorsque le nombre de pratiquants de la méditation dans une communauté atteignait la racine carrée de 1 % de la population, un changement mesurable vers un meilleur ordre social (indiqué par une réduction de la criminalité) pouvait se produire. Dans le cas de Merseyside, ce seuil correspondait à la racine carrée d'environ 10 000 personnes, soit 100 pratiquants. Avec le soutien financier du maire, Mme Stone avait pour objectif d'enseigner la MT à 1 % de la population. En 1980, le Maharishi European Sidhaland a été créé dans la ville voisine de Skelmersdale afin de promouvoir un mode de vie idéal par le biais de pratiques quotidiennes de MT-Sidhi. En 1991, cette communauté comptait 365 membres. En outre, un centre de méditation de groupe appelé le Dôme d'Or Maharishi a ouvert ses portes en mars 1988. Lors de la cérémonie d'ouverture, les dirigeants de la communauté ont prédit à la télévision que la pratique entraînerait une réduction de la criminalité.

- Leurs efforts ont-ils porté leurs fruits ? Il est intéressant de noter que l'analyse des données de 1978 à 1991 a montré qu'en mars 1988, lorsque la taille du groupe a dépassé pour la première fois le seuil de 100, le taux de criminalité dans le Merseyside a chuté de manière significative (13,4 %). Cette baisse s'est poursuivie jusqu'en 1992, alors même que le taux de criminalité national augmentait de 45%. Notamment, le classement de Merseyside en matière de criminalité est passé de la troisième place parmi les principales zones métropolitaines en 1987 à la plus basse en 1992, avec un taux inférieur de 40 % à celui prévu sur la base des tendances antérieures. L'étude estime que 255 000 délits de moins ont été commis dans le Merseyside entre 1988 et 1992 par rapport à ce que l'on aurait pu attendre s'il avait suivi les tendances nationales, ce qui représente une économie potentielle de plus de 1,25 milliard de livres sterling en pertes dues à la criminalité[27] . Cette réduction significative du taux de criminalité ne peut être expliquée par d'autres facteurs, tels que les changements démographiques, les changements économiques ou les pratiques policières au cours de la période étudiée.

- Dans une autre étude, les chercheurs ont examiné l'impact d'un grand groupe pratiquant la méditation transcendantale et le programme TM-Sidhi sur les crimes violents à Washington, D.C. pendant les mois de juin et juillet 1993. Washington, D.C. avait subi une augmentation de 77% des crimes violents entre 1986 et 1992, bien que le budget annuel consacré à la lutte contre la criminalité ait augmenté de près d'un milliard de dollars. En outre, les crimes violents commis par les jeunes devraient doubler au cours de la décennie suivante. Afin d'examiner l'impact de la MT sur la réduction du stress social et des taux de criminalité, environ 4 000 participants se sont réunis pour augmenter la cohérence collective (l'harmonie) en pratiquant la MT. La recherche, supervisée par un comité d'évaluation indépendant composé de 27 membres, a analysé les données hebdomadaires sur la criminalité provenant des registres de la police, tout en tenant compte de facteurs tels que les conditions météorologiques et les tendances de la criminalité. Les résultats ont montré que les homicides, les viols et les agressions (crimes HRA) ont chuté de manière significative - jusqu'à 23,3 % - au cours du projet. Cette baisse n'avait pas été observée au cours de la même période des cinq années précédentes. L'analyse a confirmé que la réduction de la criminalité ne pouvait s'expliquer par une présence policière accrue et que l'effet persistait après la fin du projet[28] . Les chercheurs ont estimé qu'un groupe permanent de 4 000 participants pourrait réduire de 48 % la criminalité liée à l'EIDH à long terme.

- Ces deux études ne représentent qu'une fraction des plus de 600 recherches menées au cours des cinq dernières décennies. Ces études, menées dans plus de 200 universités et instituts de recherche dans 30 pays, ont examiné les effets de la MT sur l'amélioration du bien-être individuel et sociétal, et elles ont systématiquement trouvé des résultats positifs similaires[29] . Comment la MT améliore-t-elle la sécurité des villes ? Les scientifiques ont découvert que la méditation transcendantale est liée à l'activité alpha1 (8-10 Hz) de l'électroencéphalogramme (EEG) à dominante frontale, qui reflète l'activité électrique du cerveau. Cette fréquence alpha1 dans le cortex frontal du cerveau pendant la pratique de la MT est associée à un état de conscience intérieure et de calme mental. Les scientifiques pensent que lorsque les méditants pratiquent en groupe, leurs activités cérébrales cohérentes ressemblent à celles de la lumière laser, dans laquelle les photons sont tous en phase les uns avec les autres, ont la même longueur d'onde et se déplacent dans la même direction. En raison de cette cohérence semblable à celle d'un laser, les chercheurs ont utilisé les lois de la physique pour calculer le nombre de pratiquants nécessaire pour obtenir un effet sur la réduction du taux de criminalité. C'est ainsi qu'ils ont dérivé le modèle de la racine carrée. Selon ce modèle, le programme TM-Sidhi émettrait un effet cohérent et ordonné, semblable à des champs physiques, qui favoriserait l'harmonie dans toute la ville.

La règle du miroir

- Le livre *The Mirror Rule (La règle du miroir)* offre peut-être un exemple surprenant de l'impact que notre esprit peut avoir sur notre cadre de vie. Basé sur une histoire réelle et écrit par Yoshinori Noguchi, ce livre explore l'idée que notre réalité extérieure reflète notre monde intérieur. L'histoire suit Eiko Akiyama, une femme au foyer de 41 ans qui se bat avec son fils Yuta, élève de CM2, qui est émotionnellement distant et perturbé. Eiko est profondément frustrée, surtout par les brimades dont son fils est victime à l'école. Dans son désespoir, Eiko s'est même disputée avec son mari, se sentant perdue et accablée. Elle se tourne vers son ami Yaguchi, qui s'y connaît en psychologie, pour lui demander conseil. À sa grande surprise, Yaguchi suggère que la relation tendue d'Eiko avec son fils pourrait être liée à des sentiments non résolus à l'égard de son propre père. Il l'encourage à dresser la liste de ses griefs et des choses dont elle est reconnaissante à l'égard de son père, puis à lui exprimer directement sa gratitude. D'abord sceptique, Eiko suit le conseil de Yaguchi. Elle dresse une liste des aspects positifs et négatifs de sa relation avec son père. Ce faisant, elle se rend compte que son père l'aimait vraiment, bien qu'elle se soit concentrée sur ses défauts dans le passé. Elle éprouve des remords et décide d'affronter sa douleur et son amertume persistantes en lui pardonnant.

Lors d'une conversation téléphonique chargée d'émotion, elle remercie son père, libérant ainsi des années d'incompréhension et de ressentiment. Après cet acte de pardon, la vie d'Eiko subit une transformation surprenante. Son fils, auparavant renfermé, s'ouvre à elle, lui raconte sa vie à l'école et lui dit que les brimades ont cessé. Son mari exprime également sa gratitude à son égard et l'harmonie est rétablie au sein de sa famille. Ce livre montre que les circonstances extérieures sont souvent le reflet de notre état intérieur. Le fait d'entretenir du ressentiment peut avoir un impact négatif sur notre vie et nous conduire à une réalité remplie de plaintes et de négativité. Pour changer notre réalité, nous devons d'abord transformer notre cœur.

Enchevêtrés et connectés : Embrasser l'unité

- Comment comprendre l'impact de notre esprit sur l'environnement ? Les physiciens quantiques ont peut-être trouvé une réponse : l'intrication. L'intrication quantique est un phénomène fascinant et contre-intuitif qu'Einstein a décrit de manière célèbre comme une "action étrange à distance". Il s'agit d'un état dans lequel deux particules sont tellement interconnectées qu'un changement dans l'une affecte instantanément l'autre, quelle que soit la distance qui les sépare, même si des milliards d'années-lumière les séparent. Einstein était sceptique quant à l'existence de l'intrication, car rien, y compris l'information, ne peut voyager plus vite que la lumière. Cependant, les scientifiques ont récemment découvert que l'intrication n'est pas seulement réelle, mais qu'elle constitue probablement un mécanisme fondamental de notre univers.

- Un article fascinant publié dans *Nature* explore la manière dont l'intrication quantique pourrait sous-tendre l'existence même de notre univers. La relation entre la géométrie et l'intrication en physique quantique permet de comprendre comment l'espace lui-même pourrait être "tissé" par ce phénomène. Imaginez un univers en 3D, que les physiciens appellent le "bulk", entouré d'une "frontière" en 2D, un peu comme la peau d'un ballon. L'idée est que l'activité à l'intérieur de la frontière 2D - où les particules quantiques existent et interagissent - génère en quelque sorte l'univers 3D dont nous faisons l'expérience à l'intérieur. À l'aide de modèles mathématiques, les physiciens ont découvert que lorsqu'ils réduisaient l'enchevêtrement des particules à la frontière, l'espace 3D à l'intérieur commençait à s'étirer et à se séparer. S'ils supprimaient toute l'intrication, l'espace se séparait en morceaux déconnectés, un peu comme si l'on tirait sur un chewing-gum jusqu'à ce qu'il s'arrache[30] . Cela suggère que l'intrication - la connexion profonde entre les particules, même lorsqu'elles sont très éloignées les unes des autres - n'est pas seulement un étrange effet quantique. Il s'agit potentiellement de la "colle" qui lie l'espace-temps, le rendant lisse et continu. Sans l'intrication, l'espace lui-même pourrait se décomposer en fragments isolés. Cette découverte indique que l'intrication est fondamentale pour la structure de l'univers. Elle pourrait même expliquer pourquoi nos actions et nos pensées peuvent influencer non seulement notre corps, mais aussi l'environnement dans lequel nous vivons !

7.5 L'esprit au-dessus de la matière : La science sur le pouvoir de la pensée

L'eau perçoit vos pensées

- En 2004, le livre du Dr Masaru Emoto intitulé "The Hidden Messages in Water" (Les messages cachés de l'eau) est devenu un best-seller du New York Times. Dans ce livre, le Dr Emoto expose l'eau à divers stimuli émotionnels, tels que des mots, des images ou de la musique, et examine ensuite les cristaux de glace qui en résultent au microscope. Il a constaté que la structure des cristaux de glace était affectée par les mots et les sentiments adressés à l'eau. L'eau exposée à des paroles et des intentions positives, telles que "merci" et "je t'aime", a formé de belles structures cristallines complexes et symétriques. En revanche, l'eau exposée à des mots et intentions négatifs, tels que "je te déteste" et "je veux te tuer", a formé des structures désorganisées et asymétriques. Emoto a également observé que des sources d'eau différentes produisaient des structures de glace différentes. Par exemple, l'eau provenant d'un ruisseau de montagne produisait des dessins géométriques, tandis que l'eau provenant de sources polluées produisait des structures de glace déformées. Sur la base de ces observations, Emoto a conclu que nos pensées et nos paroles peuvent avoir un impact significatif sur l'eau et l'environnement.

- Comme on pouvait s'y attendre, le livre a reçu beaucoup d'éloges, mais aussi de nombreuses critiques de la part de scientifiques, qui l'ont jugé partial et peu concluant. Pour vérifier si l'intention pouvait influencer la formation de cristaux d'eau, l'Institute of Noetic Sciences (IONS), en Californie (États-Unis), a mené une expérience en double aveugle. Dans ce type d'expérience, ni la personne qui prépare l'expérience ni celle qui analyse les résultats ne savent quels sont les échantillons traités et quels sont les témoins non traités jusqu'à ce que l'expérience soit terminée. Les chercheurs ont acheté quatre bouteilles d'eau en plastique et en ont désigné au hasard deux comme "traitées" et deux comme "témoins". Les bouteilles traitées ont été placées dans une salle blindée électromagnétiquement à l'IONS en Californie, tandis que les bouteilles de contrôle ont été stockées séparément. Lors d'une conférence à Tokyo, le Dr Emoto a dirigé un groupe de 2 000 personnes dans une prière de cinq minutes adressée à l'eau traitée. Le lendemain, les scientifiques de l'IONS ont expédié toutes les bouteilles au laboratoire du Dr Emoto à Tokyo, où 50 gouttelettes d'eau de chaque bouteille ont été analysées pour vérifier la formation de cristaux. Les scientifiques ont constaté que l'eau traitée produisait effectivement un nombre légèrement plus élevé de cristaux esthétiques que le groupe de contrôle, et que les cristaux traités étaient jugés nettement plus attrayants que ceux du groupe de contrôle[31] . Les scientifiques ont conclu que l'intention semble avoir un impact mesurable sur la formation de cristaux dans l'eau.

Influencer les événements aléatoires par l'intention humaine

- Les expériences les plus rigoureuses explorant l'effet de l'esprit sur la réalité physique ont probablement été menées dans le cadre du programme PEAR (Princeton Engineering Anomalies Research). Créé en 1979 par le doyen de la faculté d'ingénierie, Robert G. Jahn, le programme PEAR faisait partie de l'école d'ingénierie et de sciences appliquées de l'université de Princeton. Le programme a passé près de trois décennies à étudier comment la conscience humaine pouvait interagir avec des dispositifs, des systèmes et des processus physiques. Depuis sa création, PEAR a publié plus de 50 articles traitant à la fois des résultats expérimentaux et des implications philosophiques pour la science, l'ingénierie et la culture[32] . Le programme a également développé des modèles théoriques pour mieux comprendre le rôle de la conscience dans l'élaboration de la réalité physique.

- L'un des principaux objectifs du programme PEAR était d'examiner les interactions homme-machine dans un contexte technique. À l'aide d'un générateur microélectronique d'événements aléatoires (REG) qui produit une séquence aléatoirement alternée d'impulsions électriques positives et négatives, les chercheurs ont examiné si les intentions des opérateurs humains pouvaient affecter la distribution des événements positifs ou négatifs. Sur une période de 12 ans, l'étude a porté sur plus de 100 opérateurs humains, plus de 1 000 séries expérimentales et plus de 2 millions d'essais utilisant quatre types différents de dispositifs aléatoires. Il est intéressant de noter que les chercheurs ont trouvé des corrélations significatives entre les intentions des opérateurs et les résultats moyens de différents dispositifs binaires aléatoires, ce qui indique une déviation faible (environ 10^{-4} bits par bit traité) mais significative et cohérente par rapport au hasard (avec $p \approx 3.5 \times 10^{-13}$).

33

- Les expériences ont également mis en évidence trois résultats principaux. Premièrement, les chercheurs ont constaté des différences notables entre les opérateurs masculins et féminins. Bien que quelques participantes aient obtenu les scores individuels les plus élevés, la corrélation globale entre l'intention et le résultat était plus faible pour les femmes que pour les hommes. Deuxièmement, la distance physique entre la personne et la machine ne semble pas avoir d'importance. Que l'opérateur soit proche de la machine ou à des milliers de kilomètres, les effets étaient similaires. Troisièmement, dans une série d'expériences "hors temps", les opérateurs se sont concentrés sur le fonctionnement de la machine à des moments différents de ceux où les données étaient effectivement collectées, parfois des jours avant ou après. De manière surprenante, les chercheurs ont constaté que les résultats de ces expériences "hors temps" étaient très similaires à ceux recueillis en temps réel, y compris les différences entre les sexes et certains changements dans les données[33] . La seule fois où les chercheurs n'ont pas pu observer d'effet des intentions des opérateurs, c'est lorsque les expériences ont été réalisées à l'aide de dispositifs câblés ou d'approches algorithmiques, méthodes connues pour produire des événements pseudo-aléatoires (apparemment aléatoires mais en réalité prédéterminés). Cela suggère qu'un véritable hasard était nécessaire pour observer les effets.

7.6 La conscience après la mort : Science ou fantaisie ?

Expérience de mort imminente : La conscience persiste-t-elle au-delà de la mort ?

- Le Dr Eben Alexander, neurochirurgien de haut niveau ayant travaillé dans des écoles de médecine réputées telles que Harvard, Duke, l'université du Massachusetts et l'université de Virginie, n'avait aucun penchant religieux et croyait fermement que la conscience était uniquement le produit de l'activité cérébrale. Cependant, en 2008, le Dr Alexander a contracté une méningite bactérienne due à une infection à *E. coli.* L'infection a gravement enflammé son cerveau et sa moelle épinière, entraînant un arrêt du fonctionnement du cerveau et mettant sa vie en danger. Il a été plongé dans un coma artificiel pendant sept jours, et son score sur l'échelle de coma de Glasgow indiquait une absence totale de conscience mesurable.

- Cependant, le Dr Alexander s'est remarquablement rétabli du coma. Il a affirmé avoir fait l'expérience d'une conscience en dehors de son corps pendant cette période, rencontrant ce qu'il a décrit comme un "être angélique" et communiquant avec une présence divine. Son expérience a commencé dans un royaume sombre et "primitif", qu'il a décrit comme ayant une intensité de "terre brûlée". De là, une lumière blanche brillante et tournoyante l'a transporté dans ce qu'il a appelé la "vallée de la porte". Ce royaume ressemblait à un paradis terrestre, avec des paysages luxuriants, des fleurs éclatantes et des cascades. Il a rencontré des êtres angéliques, entendu des chants et des hymnes puissants et s'est senti enveloppé d'un profond sentiment d'amour et de tranquillité. Il a également décrit une connexion avec une présence divine supérieure qu'il a appelée "le noyau" et qu'il a perçue comme la source de toute existence. Cet être lui a transmis un sentiment d'amour et de guérison infinis. Le voyage s'est terminé lorsqu'un garçon lui a dit qu'il devait retourner à sa vie terrestre[34] . L'expérience de mort imminente du Dr Alexander l'a profondément transformé, l'amenant à croire que la conscience n'est pas uniquement un produit du cerveau mais qu'elle transcende l'existence physique. Il a documenté son expérience dans le livre *Proof of Heaven*, publié en 2012, qui est devenu un best-seller du New York Times.

- L'histoire du Dr Alexander a déclenché un débat intense. Si elle a été bien accueillie par les personnes ayant vécu des expériences similaires de mort imminente, les scientifiques et leurs collègues sont restés très sceptiques. Les critiques soutiennent que son cerveau n'était pas complètement inactif et que son expérience n'était que le produit de l'activité erratique de son cerveau infecté. Cependant, les recherches du Dr Sam Parnia ont montré qu'au moins certains aspects de l'expérience de mort imminente sont difficiles à expliquer si l'activité cérébrale est nécessaire à l'expérience consciente.

- Le Dr Sam Parnia, médecin en soins intensifs et chercheur à la New York University Langone School of Medicine, est spécialisé dans la science de la réanimation. Avec ses collègues, il a étudié ce qu'il advient de la conscience pendant et après la mort clinique, en se concentrant plus particulièrement sur les patients victimes d'un arrêt cardiaque. Menée dans 15 centres médicaux aux États-Unis et en Europe, l'étude a porté sur plus de 2 000 patients. Il est intéressant de noter que l'équipe de Parnia a constaté que jusqu'à 40 % des personnes réanimées ont fait état d'un certain niveau de conscience pendant l'arrêt cardiaque, période au cours de laquelle le cœur s'arrête, la respiration cesse et le cerveau s'éteint, signalant ainsi la mort clinique. Certains ont fait état d'expériences profondes qui ont changé leur vie.

Notamment, 2 % ont fait preuve d'une conscience totale et ont pu décrire avec précision les événements qui se sont produits autour d'eux pendant leur arrêt cardiaque[35]. Ces résultats suggèrent que la conscience peut persister même après la mort clinique. Les implications sont importantes, car elles remettent en question les points de vue actuels sur la mort et la nature de la conscience et suggèrent que celle-ci n'est peut-être pas exclusivement liée à l'activité cérébrale.

La réincarnation : Vivons-nous plus d'une fois ?

- La recherche sur la réincarnation pourrait constituer une autre source de preuves de l'existence d'une conscience après la mort. Le Dr Brian Weiss, auteur du livre "Many Lives, Many Masters", a décrit comment sa patiente "Catherine" a pu se souvenir de ses 86 vies antérieures au cours d'une thérapie par hypnose ; certains détails (comme les dates et les détails de certains événements historiques) ont été vérifiés. Certains détails (comme les dates et les détails de certains événements historiques) ont été vérifiés. Cependant, les critiques soutiennent que les souvenirs de vies antérieures pourraient être des histoires fabriquées qui correspondraient par hasard à des événements réels. En fait, des chercheurs ont même mené des expériences et ont constaté que lorsqu'on demandait à des enfants d'inventer leur histoire de vie antérieure, certains détails correspondaient par coïncidence à des événements réels. Cela réfute-t-il les recherches sur la réincarnation ?

- Les conclusions du Dr Ian Stevenson pourraient permettre de répondre à cette question. Ancien professeur de psychiatrie à l'université de Virginie, le Dr Stevenson a documenté plus de 3 000 cas d'enfants ayant rapporté des souvenirs de vies antérieures. En plus de vérifier les détails de ces événements de vie antérieure par des entretiens personnels avec les personnes concernées, le Dr Stevenson s'est concentré sur une caractéristique spécifique de ces enfants : les taches de naissance et les malformations congénitales. Par exemple, un garçon indien né avec une main droite déformée a affirmé que dans sa vie antérieure, il avait subi une amputation après s'être blessé à la main droite lors d'un accident avec une machine à découper. Un autre cas concerne un Indien qui se souvient d'être mort d'une blessure par balle à la poitrine dans une vie antérieure ; il avait des taches de naissance douloureuses sur la poitrine qui ressemblaient à des blessures par balle. Ces déclarations ont été corroborées de manière indépendante par les dossiers médicaux et le témoignage du médecin traitant, ce qui suggère un lien potentiel entre les taches de naissance/les malformations congénitales et les traumatismes d'une vie antérieure.[36].

- Bien que convaincant, le Dr Stevenson a essuyé une critique majeure, à savoir que ses cas provenaient principalement de pays comme l'Inde et le Sri Lanka, où la croyance en la vie après la mort est très répandue. Cela a soulevé des inquiétudes quant à la possibilité de biais et d'histoires fabriquées. En réponse à ces critiques, le Dr Stevenson a étendu ses recherches aux pays occidentaux, y compris les États-Unis. Son élève, le Dr Jim Tucker, a poursuivi ces travaux après le décès du Dr Stevenson en 2007. Dans son livre "Life Before Life", le Dr Tucker a présenté un cas convaincant aux États-Unis.

- John McConnell, le grand-père d'un garçon nommé William, a été mortellement touché lors d'un vol dans un magasin d'électronique en 1992 à New York. Alors qu'il tentait d'intervenir, John a été abattu de six balles par un voleur qui se cachait derrière le comptoir. Malgré ses blessures, John s'est battu avant de succomber. William, né cinq ans plus tard, souffrait d'une atrésie des valves pulmonaires, une malformation cardiaque qui limitait la circulation du sang dans ses poumons. Il avait également un ventricule droit sous-développé. Ces anomalies congénitales ressemblent étrangement aux blessures subies par son grand-père. En outre, William a montré des souvenirs détaillés de la vie de son grand-père, rappelant le surnom de John pour un chat, "Boss", et des événements spécifiques que seul John aurait pu connaître. William a également parlé de la mort et de la renaissance, corrigeant même sa mère sur les dates de la mort de John et de sa propre naissance. Sa personnalité et ses habitudes reflétaient celles de son grand-père, suggérant un lien profond entre eux . [37]

L'esprit immortel : Une théorie

- Si tous ces cas sont authentiques, comment la conscience peut-elle persister après la mort du cerveau ? Le Dr Tucker propose que la mécanique quantique puisse offrir une explication théorique. Selon la théorie quantique, la matière n'existe que lorsqu'elle est observée. Si la conscience est ce qui fait naître le monde matériel, elle pourrait ne pas dépendre de la matière, y compris du cerveau. Si tel est le cas, la conscience pourrait potentiellement passer à un nouveau cerveau et continuer dans une autre vie après la mort du corps actuel. Ce concept s'aligne sur les vues de physiciens comme Max Planck, qui pensaient que le monde matériel est le produit d'une observation consciente.

- En outre, le psychiatre et psychothérapeute suisse Carl Jung, s'inspirant du texte ancien "Le Bardo Thodol" (également connu sous le nom de "Livre tibétain des morts"), a proposé que la psyché humaine contienne un "inconscient collectif" - un réservoir partagé de symboles archétypaux et d'expériences héritées de nos ancêtres. Alors que la conscience pourrait cesser avec la mort du cerveau physique, l'inconscient collectif, selon ce point de vue, pourrait persister au-delà des contraintes de l'espace et du temps, transportant des informations de vies antérieures qui pourraient être transférées à de nouveaux individus[38] . Si c'est le cas, les pensées et les comportements de la vie actuelle pourraient influencer les pensées et les comportements des vies suivantes.

- Bien que de nombreux scientifiques trouvent les études sur la conscience et les vies antérieures contre-intuitives et difficiles à accepter, la recherche sur ces mystères continue de progresser. Auparavant, les scientifiques évitaient souvent ces sujets, craignant de nuire à leur réputation et à leur carrière. Heureusement, les scientifiques d'aujourd'hui sont de plus en plus ouverts à l'exploration de ces domaines et, aujourd'hui plus que jamais, une approche globale de la recherche qui intègre les neurosciences, la psychologie et la physique quantique est essentielle. L'attention croissante portée à l'esprit et à la recherche sur les vies antérieures promet d'apporter des réponses à certaines des questions les plus profondes sur l'univers et notre existence en son sein.

Notes

1. Kam-Hansen, S., Jakubowski, M., Kelley, J. M., Kirsch, I., Hoaglin, D. C., Kaptchuk, T. J. et Burstein, R. (2014). Altered placebo and drug labeling changes the outcome of episodic migraine attacks. *Science Translational Medicine*, *6*(218). https://doi.org/10.1126/scitranslmed.3006175

2. Tinnermann, A., Geuter, S., Sprenger, C., Finsterbusch, J. et Büchel, C. (2017). Les interactions entre le cerveau et la moelle épinière médiatisent les effets de la valeur dans l'hyperalgésie nocebo. *Science*, *358*(6359), 105-108. https://doi.org/10.1126/science.aan1221

3. Langer, E. J. (2009). *Dans le sens inverse des aiguilles d'une montre : Mindful health and the power of possibility.* http://ci.nii.ac.jp/ncid/BB12235341

4. Park, C., Pagnini, F., Reece, A., Phillips, D. et Langer, E. (2016). La glycémie suit le temps perçu plutôt que le temps réel chez les personnes atteintes de diabète de type 2. *Proceedings of the National Academy of Sciences*, *113*(29), 8168-8170. https://doi.org/10.1073/pnas.1603444113

5. Aungle, P. et Langer, E. (2023). Physical healing as a function of perceived time (guérison physique en fonction du temps perçu). *Scientific Reports, 13*(1). https://doi.org/10.1038/s41598-023-50009-3

6. Crum, A. J., et Langer, E. J. (2007). Mind-Set matters. *Psychological Science, 18*(2), 165-171. https://doi.org/10.1111/j.1467-9280.2007.01867.x

7. Zahrt, O. H., Evans, K., Murnane, E., Santoro, E., Baiocchi, M., Landay, J., Delp, S. et Crum, A. (2022). Effects of wearable fitness trackers and activity adequacy mindsets on affect, behavior, and health : longitudinal randomized controlled trial. *Journal of Medical Internet Research, 25*, e40529. https://doi.org/10.2196/40529

8. Ranganathan, V. K., Siemionow, V., Liu, J. Z., Sahgal, V. et Yue, G. H. (2004). From mental power to muscle power-gaining strength by using the mind. *Neuropsychologia*, *42*(7), 944-956. https://doi.org/10.1016/j.neuropsychologia.2003.11.018

9. Mendoza, D. et Wichman, H. (1978). "Inner Darts : Effects of mental practice on performance of dart throwing. *Perceptual and Motor Skills*, *47*(3_suppl), 1195-1199. https://doi.org/10.2466/pms.1978.47.3f.1195

10. Driskell, J. E., Copper, C. et Moran, A. (1994). Does mental practice enhance performance ? *Journal of Applied Psychology*, *79*(4), 481-492. https://doi.org/10.1037/0021-9010.79.4.481

11. Toth, A. J., McNeill, E., Hayes, K., Moran, A. P. et Campbell, M. (2020). La pratique mentale améliore-t-elle encore les performances ? A 24 Year follow-up and meta-analytic replication and extension. *Psychology of Sport and Exercise, 48*, 101672. https://doi.org/10.1016/j.psychsport.2020.101672

12. *Livres que nous aimons : La méditation m'a sauvé la vie | Meditation Wise.* (n.d.). https://www.meditationwise.com/books-we-love-meditation-saved-my-life

13. McGreevey, S. (2019, 12 septembre). Huit semaines pour un meilleur cerveau. *Harvard Gazette.* https://news.harvard.edu/gazette/story/2011/01/eight-weeks-to-a-better-brain/

14. Soon, C. S., Brass, M., Heinze, H. et Haynes, J. (2008). Unconscious determinants of free decisions in the human brain (Déterminants inconscients des décisions libres dans le cerveau humain). *Nature Neuroscience*, *11*(5), 543-545. https://doi

.org/10.1038/nn.2112

15. Creswell, J. D., Bursley, J. K. et Satpute, A. B. (2013). La réactivation neuronale relie la pensée inconsciente à la performance de la prise de décision. *Social Cognitive and Affective Neuroscience*, *8*(8), 863-869. https://doi.org/10.1093/scan/nst004

16. Sinclair-Gieben, A. et Chalmers, D. (1959). EVALUATION DU TRAITEMENT DES VERRUES PAR L'HYPNOSE. *The Lancet*, *274*(7101), 480-482. https://doi.org/10.1016/s0140-6736(59)90605-1

17. Surman, O. S. (1973). Hypnosis in the treatment of warts. *Archives of General Psychiatry*, *28*(3), 439. https://doi.org/10.1001/archpsyc.1973.01750330111018

18. Shenefelt, P. D. (2000). Hypnosis in Dermatology. *Archives of Dermatology*, *136*(3). https://doi.org/10.1001/archderm.136.3.393

19. Ewin, D. M. (1992). Hypnotherapy for Warts (Verruca Vulgaris) : 41 Consecutive Cases with 33 Cures. *American Journal of Clinical Hypnosis*, *35*(1), 1-10. https://doi.org/10.1080/00029157.1992.10402977

20. Weiss, B. (1988). *Plusieurs vies, plusieurs maîtres : L'histoire vraie d'un éminent psychiatre, de son jeune patient et de la thérapie de la vie antérieure qui a changé leur vie à tous les deux*. Touchstone USA.

21. Henry, R. C. (2005). L'univers mental. *Nature*, *436*(7047), 29. https://doi.org/10.1038/436029a

22. Merali, Z. (2015). La physique quantique : Qu'est-ce qui est vraiment réel ? *Nature*, *521*(7552), 278-280. https://doi.org/10.1038/521278a

23. Konvalinka, I., Xygalatas, D., Bulbulia, J., Schjødt, U., Jegindø, E., Wallot, S., Van Orden, G. et Roepstorff, A. (2011). Synchronized arousal between performers and related spectators in a fire-walking ritual. *Proceedings of the National Academy of Sciences*, *108*(20), 8514-8519. https://doi.org/10.1073/pnas.1016955108

24. Feldman, R., Magori-Cohen, R., Galili, G., Singer, M. et Louzoun, Y. (2011). Mother and infant coordinate heart rhythms through episodes of interaction synchrony. *Infant Behavior and Development*, *34*(4), 569-577. https://doi.org/10.1016/j.infbeh.2011.06.008

25. *Les cœurs des amoureux battent en synchronisation, selon une étude de l'UC Davis.* (2016, 24 janvier). UC Davis. https://www.ucdavis.edu/news/lovers-hearts-beat-sync-uc-davis-study-says

26. Université du Colorado à Boulder. (2017, 21 juin). Lorsque les amoureux se touchent, leur respiration, leur rythme cardiaque se synchronisent, la douleur diminue, selon une étude. *ScienceDaily.* www.sciencedaily.com/releases/2017/06/170621125313.htm

27. Hatchard, G. D., Deans, A. J., Cavanaugh, K. L. et Orme-Johnson, D. W. (1996). The maharishi effect : A model for social improvement. Time series analysis of a phase transition to reduced crime in merseyside metropolitan area. *Psychology Crime and Law, 2*(3), 165-174. https://doi.org/10.1080/10683169608409775

28. Hagelin, J.S., Rainforth, M.V., Cavanaugh, K.L.C. et al. (1999). Effects of Group Practice of the Transcendental Meditation Program on Preventing Violent Crime in Washington, D.C. : Results of the National Demonstration Project, June-July 1993. *Social Indicators Research 47*, 153-201. https://doi.org/10.1023/A:1006978911496

29. Orme-Johnson, D. W., Cavanaugh, K. L., Dillbeck, M. C. et Goodman, R. S. (2022). Effets de champ de la conscience : A Seventeen-Year study of the effects of group practice of the Transcendental Meditation and TM-Sidhi programs on reducing national stress in the United States. *World Journal of Social Science, 9*(2), 1. https://doi.org/10.5430/wjss.v9n2p1

30. Cowen, R. (2015). La source quantique de l'espace-temps. *Nature, 527*(7578), 290-293. https://doi.org/10.1038/527290a

31. *Science de l'eau - Bureau Masaru Emoto.* (n.d.). https://masaru-emoto.net/en/science-of-messages-from-water/

32. *Princeton Engineering Anomalies Research.* (n.d.). https://pearlab.icrl.org/index.html

33. Jahn, R. G., Jr, Dunne, B. J., Nelson, R. D., Dobyns, Y. H., Bradish, G. J., Princeton Engineering Anomalies Research (PEAR), & School of Engineering and Applied Science, Princeton University. (1997). Correlations of Random Binary Sequences with Pre-Stated Operator Intention (Corrélations de séquences

binaires aléatoires avec l'intention préétablie de l'opérateur) : A Review of a 12-Year Program. *Journal of Scientific Exploration, 11-11*(3), 345-367. https://pearlab.icrl.org/pdfs/1997-correlations-random-binary-sequences-12-year-review.pdf

34. *To do no harm | Magazine | The Harvard Crimson*. (n.d.). https://www.thecrimson.com/article/2020/2/20/eben-alexander-profile/

35. CBS News. (2017, 20 octobre). *Des chercheurs affirment qu'il existe des preuves que la conscience se poursuit après la mort clinique* [Vidéo]. YouTube. https://www.youtube.com/watch?v=WnoIf2NwaRY

36. Stevenson, I. (1997). *Réincarnation et biologie : A contribution to the etiology of birthmarks and birth defects*. Praeger

37. Tucker, J. B. (2005). *Life before life : Une enquête scientifique sur les souvenirs de vies antérieures des enfants.* St Martin's Press.

38. La SAP (Société de Psychologie Analytique). (2023, 30 novembre). Carl Jung | Biographie, archétypes et croyances | La SAP. *Société de psychologie analytique.* https://www.thesap.org.uk/articles-on-jungian-psychology-2/carl-gustav-jung/

Chapter 8

Remarques finales

Ceci marque la fin du livre. Au fil des pages, nous avons exploré les merveilles et les mystères de la nature, de l'univers, du cerveau et de l'esprit. Chaque découverte est étayée par des preuves scientifiques, et j'espère que vous avez apprécié le voyage et que vous avez été aussi émerveillé que moi.

Quand j'étais enfant, j'étais captivé par les mystères de la nature et de l'esprit humain. Je ne pouvais m'empêcher de demander "pourquoi" : Pourquoi les étoiles scintillent-elles dans le ciel nocturne ? Pourquoi le soleil se lève-t-il à l'est ? Pourquoi suis-je *moi* et pas quelqu'un d'autre ? Pendant des années, j'ai poursuivi ces questions, étudiant les maladies neuronales et la régénération neuronale dans un institut de renommée mondiale à Boston, sous le mentorat d'un lauréat du prix Nobel. J'espérais qu'un jour, je dirigerais mon propre laboratoire de recherche, à la recherche des réponses à ces profonds mystères. Or, j'ai découvert que la science dominante, en particulier dans le domaine des biosciences, rejette souvent le rôle de l'esprit humain dans l'élaboration de la réalité physique. À une époque où la réussite professionnelle dépend du nombre de publications et des facteurs d'impact, les vraies questions, celles qui méritent qu'on y consacre toute une vie, sont souvent ignorées ou oubliées. Obtenir un emploi, décrocher des bourses et attirer des étudiants talentueux sont devenus davantage des questions de métrologie que de curiosité. C'est pourquoi j'ai décidé d'écrire ce livre. Non pas parce que nous avons déjà toutes les réponses, mais parce qu'il est temps de se recentrer sur les questions fondamentales : *Qui sommes-nous ? Qu'est-ce que l'esprit ?* Ce sont ces mystères qui méritent notre attention, et j'espère que ce livre suscitera une curiosité renouvelée et une ouverture à l'exploration de l'inconnu.

Au départ, je ne croyais pas à la spiritualité. En tant que neuroscientifique bien formé, j'ai cru fermement que la conscience n'était qu'un sous-produit du cerveau matériel et que tous les secrets de la vie étaient encodés dans nos gènes. Je pensais qu'il suffirait de comprendre la fonction de chaque gène et leur interaction pour percer les mystères de la vie, y compris le fonctionnement de l'esprit. Mais un incident a changé ma perspective.

En 2011, on a diagnostiqué chez ma mère une polyarthrite rhumatoïde (PR), une maladie auto-immune dans laquelle le système immunitaire devient hyperactif et commence à attaquer ses propres tissus, en particulier les articulations. La PR est incroyablement douloureuse. À un moment donné, les articulations de ses doigts sont devenues si enflées qu'elle ne pouvait plus s'occuper des activités quotidiennes comme le nettoyage et la cuisine. Pendant plusieurs mois, une voisine a dû venir l'aider à s'occuper d'elle. Cependant, lorsque je lui ai rendu visite six mois plus tard, elle semblait complètement rétablie et ses articulations digitales ne semblaient pas différentes des miennes. J'étais choquée car je savais qu'il n'y avait pas de traitement pour la PR - le traitement le plus connu consiste à supprimer l'hyperactivité du système immunitaire et à réduire l'inflammation à l'aide d'immunosuppresseurs. Curieuse, je lui ai demandé quel médicament "magique" elle avait pris. À ma grande surprise, elle a simplement répondu : "la méditation". Elle m'a alors regardé et m'a dit : "Si vous voulez améliorer la vie des gens, vous devez en apprendre davantage sur l'esprit."

Ce moment a marqué un tournant dans ma vie. Ma mère est bouddhiste et je me souviens qu'elle priait Bouddha chaque fois que nous rencontrions des difficultés lorsque j'étais très jeune. Après son divorce d'avec mon père, elle a travaillé sans relâche pour gagner suffisamment d'argent pour nous élever, mon frère jumeau et moi. Avec un salaire mensuel de moins de 100 dollars lorsque j'étais enfant, nous étions souvent confrontés à des crises financières. Mais nous avons réussi à surmonter ces moments difficiles, peut-être grâce à ses prières incessantes. Contrairement à ma mère, je n'avais pas d'attachement particulier à une religion spécifique à l'époque. Je ne m'y opposais pas non plus ; je voyais la religion comme un moyen d'apporter du réconfort dans les moments difficiles de la vie. Mais après avoir assisté à sa guérison magique de la PR, je me suis retrouvée, pour la première fois, véritablement curieuse du pouvoir de l'esprit humain. L'effet était-il réel ? Dans quelle mesure notre esprit peut-il influencer notre corps ? Quel était le mécanisme sous-jacent ? Si la méditation pouvait guérir une maladie "incurable" comme la PR, quelles autres affections le pouvoir de l'esprit pourrait-il traiter ? Sans hésiter, j'ai entamé un voyage de recherches et de lectures approfondies. Ce livre est l'aboutissement d'années d'exploration et d'étude et, à mon avis, il a été bien plus satisfaisant que la rédaction de ma thèse de doctorat.

Le voyage a été gratifiant, mais aussi plein de défis. Les difficultés ne sont pas venues de l'apprentissage lui-même, mais plutôt de certains amis et collègues qui pensent que j'ai emprunté une voie scientifique erronée, qualifiant les résultats de recherche que j'ai partagés de pseudoscience. Pourtant, lorsque nous avons approfondi les détails des expériences, ils ont souvent constaté que leurs critiques perdaient du terrain et ont dû reconnaître qu'il se passait quelque chose d'intriguant. En tant que scientifiques ayant reçu une formation classique, nous sommes constamment sous pression pour obtenir des financements et publier des articles de recherche, ce qui nous habitue à rester dans nos zones de confort et à nous concentrer sur une seule question étroite à la fois. Mon mentor m'a toujours dit d'être "spécifique" dans mes questions de recherche. Si cette approche a incontestablement contribué au développement de la médecine moderne et de l'ensemble des connaissances actuelles, il est peu probable qu'elle soit efficace pour guérir des maladies complexes. En effet, hormis quelques cas où une maladie est causée par la mutation d'un seul gène, le développement et la progression de maladies complexes (comme la maladie d'Alzheimer) impliquent des centaines, voire des milliers de gènes. Lorsque nous continuons à rechercher des gènes individuels responsables de l'ensemble des symptômes de la maladie - une approche réductionniste - nous perdons de vue la situation dans son ensemble. Les nombreux échecs dans le développement de médicaments contre la maladie d'Alzheimer, avec seulement deux essais cliniques de phase II et III sur 100 (2 %) depuis 2003 montrant une amélioration, soulignent la nécessité de réfléchir à notre méthodologie[1] . Il est essentiel de trouver le "commutateur" qui régit le comportement de tous ces gènes, et je pense que la clé se trouve dans notre esprit. La guérison de ma mère atteinte de PR et la guérison miraculeuse de la jambe de Phakyab Rinpoche, qui a évité l'amputation, sont des exemples convaincants de cette possibilité.

En même temps, le soutien de certains de mes collègues jeunes scientifiques a été encourageant. Ils sont véritablement inspirés par la recherche sur le cerveau et l'esprit, et ils sont convaincus que la thérapie basée sur l'esprit constituera un élément essentiel de la médecine de demain. Ces jeunes scientifiques partagent certaines qualités : ils sont passionnés par l'inconnu, ouverts d'esprit, ont de vastes centres d'intérêt et sont profondément investis dans les questions fondamentales de la nature et de l'univers. Ils représentent l'espoir de notre avenir. En combinant la rigueur de la science traditionnelle avec une approche ouverte des phénomènes inhabituels, nous avons une réelle opportunité de faire progresser notre compréhension et de développer une vision et un respect profonds de l'univers dans lequel nous vivons.

En fait, de plus en plus de médecins reconnaissent l'importance de l'esprit dans le traitement des maladies et la guérison. La méditation de pleine conscience est devenue une thérapie standard dans de grands hôpitaux comme le Massachusetts General Hospital, Stanford Health Care et NewYork-Presbyterian. Des entreprises de premier plan comme Google et Meta consacrent également des ressources à l'encouragement de la pratique de la méditation parmi leurs employés. Cependant, nous ne pouvons pas nous arrêter là, en nous contentant de l'idée que la méditation nous rend simplement plus heureux. Nous devons approfondir notre compréhension du lien intime entre l'esprit, le corps et l'univers. Dans une société de plus en plus matérialiste, alors que le monde est confronté à une augmentation de la criminalité, des guerres, des famines et des catastrophes naturelles, nous devons nous demander ce que nous pouvons faire pour résoudre ces problèmes. Quel héritage laisserons-nous à la prochaine génération ? La réponse, une fois de plus, pourrait se trouver dans le pouvoir de l'esprit humain.

Enfin, nous ne devons pas oublier la sagesse ancestrale de nos ancêtres. Qu'elle vienne d'Orient ou d'Occident, cette sagesse a résisté à l'épreuve du temps, brillant à travers des milliers d'années d'histoire humaine. Je me souviens que lorsque j'ai commencé à pratiquer la méditation, mon maître m'a dit : "Tu dois ouvrir ton cœur et t'occuper des autres êtres sensibles plus que de toi-même. L'attachement à soi est la racine de toutes les souffrances, et l'aide aux autres êtres est la source de tous les bonheurs." Lorsque j'ai demandé pourquoi, il m'a expliqué : "Parce que tout est une projection de votre esprit et que tout ce qui vous entoure est interconnecté. Aimer et aider les autres, c'est, par essence, s'aimer et s'aider soi-même. Au début, j'ai eu du mal à comprendre ses paroles. Mais aujourd'hui, après des années d'apprentissage, je constate que les scientifiques parviennent peu à peu à des conclusions similaires. S'agit-il d'une coïncidence ? Peut-être, ou peut-être pas. À première vue, la science et la religion peuvent sembler très différentes, voire contradictoires, mais en fin de compte, ce sont des chemins différents qui mènent à la même vérité. Il peut y avoir d'innombrables façons de chercher à comprendre, mais la vérité sous-jacente reste constante. Comme l'a dit un jour Max Planck, "toute matière n'a d'origine et d'existence qu'en vertu d'une force qui fait vibrer la particule d'un atome et maintient ensemble ce système solaire le plus infime de l'atome". Derrière cette force, nous devons supposer l'existence d'un esprit conscient et intelligent. Cet esprit est la matrice de toute matière".

Purifions nos esprits et faisons en sorte que toutes les belles choses se produisent.

P.S. Ci-dessous, j'ai inclus quelques mantras puissants que mon maître m'a enseignés. Ces mantras peuvent aider à calmer l'esprit, à chasser la négativité, à améliorer la santé et même à attirer la prospérité. Ils doivent être utilisés avec de bonnes intentions - pour mieux nous permettre d'aider les autres - afin de maximiser leur pouvoir. Mon maître m'a enseigné qu'il était acceptable de prier avec un objectif restreint, même si, dans la plupart des cas, il est peu probable que vous obteniez plus que ce que votre karma de vie antérieure vous permet. J'espère que vous trouverez ces enseignements aussi bénéfiques que moi.

Mantra Mani : *Om Mani Padme Hung*

Ce mantra permet de surmonter les obstacles, la malchance, les maladies et les catastrophes. En fin de compte, il guide l'individu vers la libération de la souffrance et la réalisation de l'illumination.

Mantra de Tara : *Om Tare Tuttare Ture Soha*

Ce mantra permet d'éliminer les obstacles, de favoriser le développement de la carrière et d'améliorer les relations avec la famille, les collègues et les amis. Comme le Mani Mantra, il conduit également à la libération de la souffrance et à l'illumination.

Mantra de Manjushri : *Om Ah Ra Pa Tsa Na Dhi*

Ce mantra permet d'accroître les connaissances, de maîtriser les plus hauts niveaux d'enseignement, d'améliorer l'expressivité et la mémoire, et d'atteindre la sagesse ultime.

Que tous les êtres en bénéficient.

Note

1. Kim, C. K., Lee, Y. R., Ong, L., Gold, M., Kalali, A. et Sarkar, J. (2022). Alzheimer's Disease : Key Insights from Two Decades of Clinical Trial Failures. *Journal of Alzheimer's Disease*, *87*(1), 83-100. https://doi.org/10.3233/jad-215699

Chapter 9

Rester connecté

Votre avis compte !

Si vous avez aimé ce livre, je vous serais incroyablement reconnaissante de prendre un moment pour laisser un commentaire positif. Vos commentaires m'inspirent et aident d'autres personnes à découvrir cet ouvrage. Scannez le code QR ou utilisez le lien pour partager votre expérience. Je vous remercie de votre soutien, qui m'est très précieux !

Veuillez scanner ou cliquer pour laisser un avis.

Made in the USA
Monee, IL
09 November 2026

68084775R00089